成事有道

御阳 著

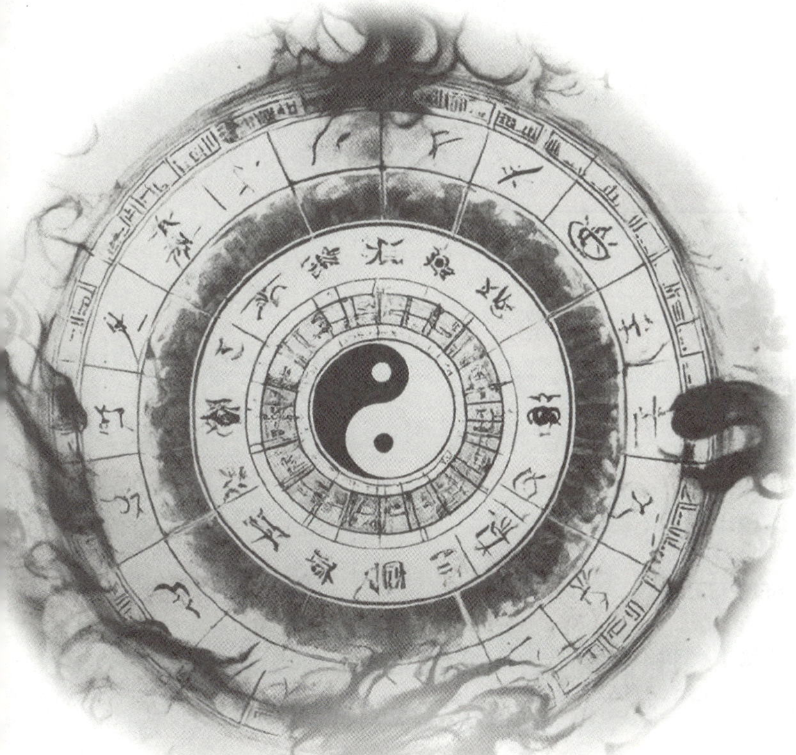

海南出版社
·海口·

图书在版编目（CIP）数据

成事有道 / 御阳著 . -- 海口 : 海南出版社 , 2025.
6. -- ISBN 978-7-5730-2487-9

Ⅰ . B848.4-49

中国国家版本馆 CIP 数据核字第 20256U5K65 号

成事有道
CHENGSHI YOUDAO

作　　者：御　阳
策划编辑：许　许
责任编辑：朱　奕
印　　制：王　刚
封面设计：@ 框圈方圆
印刷装订：运河（唐山）印务有限公司
版　　权：三得文化
出版发行：海南出版社
地　　址：海口市金盘开发区建设三横路 2 号
邮　　编：570216
电　　话：（0898） 66819831
版　　次：2025 年 6 月第 1 版
印　　次：2025 年 6 月第 1 次印刷
开　　本：787 mm×1092 mm　1/16
印　　张：11.75
字　　数：150 千字
书　　号：ISBN 978-7-5730-2487-9
定　　价：52.00 元

如发现印装质量问题，影响阅读，请致电 137 0127 5261。（免费更换，邮寄到付）

目录 CONTENTS

第一章

以利为导，是成事的第一步

第一节

将通于九变之利者，知用兵矣

《孙子兵法》——结果导向

偏远与正统

战国时，楚怀王派兵包围韩国，一打就是五个月。韩国粮草断绝，只能派使臣尚靳向秦国求援。当时，秦昭襄王年龄尚小，由宣太后代为执政。尚靳见到宣太后，滔滔不绝地讲了一大段话，意思是韩国是秦楚之间的一道屏障，如果韩国灭亡，楚国就会来攻打秦国。没想到，在众目睽睽的大殿中，在百官在场的外交场合，宣太后却讲了一个“荤段子”。

她说：“当年我侍奉先帝时，他把腿放在我身上，我浑身难受，特别不舒服。可是，当他压在我身上时，我却感觉特别舒服，那是因为这个姿势对我有利。现在你让我们出兵救援，你们的危机倒是解除了，可对我们有什么好处呢？”尚靳听完目瞪口呆，他做梦也没想到堂堂一国太后，竟然把私生活就这么堂而皇之地公之于众。对此，他只能拂袖而去，无功而返。

你能想象吗？那个一统天下，建立第一个大一统王朝的秦国，甚至连会盟都没资格参加。当然，这一切都是有原因的。周朝建立后，纣王之子武庚联合殷商贵族和周武王三个弟弟发动叛乱，秦人的祖先因参与其中，事败后被发配到边陲地区管理马匹，成了“弼马温”，惨淡经营一百多年后，才因为养马有功获得封号，称为“秦嬴”。

后来，犬戎大举入侵，攻占镐京，秦襄公第一时间带着军队赶来支援，立了大功，秦国这才获得王室的官方认证，有了诸侯的身份。为了奖励秦襄公的英勇表现，周平王很大方地给他开了一个“空头支票”：把犬戎的地盘封赏给秦国。

因为秦地地处偏远，所以真正有文化人不多。荀子说秦国“无儒”，李斯也说：“士不产于秦。”百里奚、商鞅、韩非、李斯这些人一个个都是从外面聘过来的。

其实，秦国也渴望融入中原文明。这个事也有成功先例，比如楚国。周成王举行“岐阳之会”时，“楚为荆蛮”，负责和其他鲜卑部落的首领一起看守火堆，只能远远看着其他诸侯在大殿里觥筹交错，载歌载舞。后来，楚国开始建立礼乐制度，学习中原语言与典籍，逐渐完成了“以属诸夏”的转变。楚庄王甚至饮马黄河，威震华夏，会盟诸侯，成为春秋霸主之一。这一刻，他终于能够自豪地唱出：“那年十八，诸侯会盟，站着如喽啰。那时候，我含泪发誓，各位必须看到我。”

秦国之所以也想融入中原文明，除了图一个官方认定的身份之外，更多的是想要得到种种便利和好处。不过，一次谈话却彻底改变了秦王的思路。

一次，戎王派由余出访秦国，觐见秦穆公。由余本来是周携王的族人，吃了败仗后逃到西戎，因为熟悉中原文化受到戎王重用做了大夫。

秦穆公问：“中国以诗书礼乐治理天下，现在都乱成了一锅粥，你们戎人连礼法都没有，是不是治理起来就更难了？”

由余笑着回答：“中国之所以乱，就是因为礼法制度。当初上圣黄帝创建礼法，以身作则，才得以小治。后来各诸侯国不断发展壮大，上位者骄奢淫逸，却要求诸侯国仍然遵守礼法，上下分裂，当然就乱了。戎人则完全不同，贫富差距不大，上下一心，都很团结，所以根本不会乱。”

秦穆公恍然大悟，聘由余为宾客，从此放弃了融入中原文明的发展战略，开始向西扩张，“益国十二，开地千里，遂霸西戎”。在这次扩张过程中，秦国不仅吞并大量西戎土地，获得了上千里的战略纵深，融合了西戎大量人口，获得了优质兵员与战马，还在与戎人融合的过程中，给秦人注入了一股彪悍与粗犷之气，铸就了一支“虎狼之师”。

霸道与王道

在其他诸侯国仍然停留在“仁义”的层面时，秦国已经抛弃了这些表面上的仁义道德，只遵从实用主义原则，甚至恢复了“人殉”制度。秦穆公死后，为之殉葬者竟然多达 177 人。对于秦国来说，只要是对开疆拓土有利的，不管什么制度，都可以推行；只要是有害的，无论什么理由，统统不予执行。

秦国之所以能统一天下，后世总结了很多原因。比如，贾谊在《过秦论》

中总结了三点：

- “奋六世之余烈。”从秦孝公一直到秦始皇，秦国一直在开疆拓土，攒下了家底。

- “据崤函之固，拥雍州之地。”这是秦国的地理优势。在长达数百年的时间里，秦国据守函谷关，打退了一次又一次诸侯联军的进攻。

- “商君佐之，内立法度。”也就是商鞅变法。其实，这才是最根本的原因。

商鞅在秦国变法之前，曾经侍奉魏国国相公叔痤，但长期不受重用。公叔痤病重时对魏惠王说：“商鞅是个人才，可以让他治理国家。”又说，“如果不用，就一定要杀掉他。”魏惠王以为这是公叔痤病魔缠身说的胡话，就没有当回事，商鞅这才得以逃到秦国。

在秦孝公宠臣景监的举荐下，商鞅终于见到了秦孝公。第一次，他用帝道游说，被秦孝公训了一顿。第二次，他又改用王道，秦孝公还是不感兴趣。直到第三次，他用霸道游说，秦孝公才感兴趣，他听得十分入迷，“数日不厌”。帝道是古代贤君的治国之道。王道是用仁义治天下，也就是孔子游说列国说的那一套。霸道就是用武力、刑罚、阴谋和权势统治天下，专横行事。秦孝公之所以对霸道感兴趣，就是因为它效率最高，目的最为明确，不受道德、礼法、仁义等外在条件的约束。

之后，在秦孝公的推动下，商鞅在秦国正式开始变法，其变法有且只有一个目的，那就是富国强兵，争霸天下。

为了增强军队的战斗力，商鞅创立了二十级军功爵位制。在他推出的众多制度中，这一条是最直接、最残忍，也是效果最好的。具体来说，就是在战场上，可以通过斩杀敌人来获得爵位，从最低的公士到最高的彻侯，共二十级，每一级都需要用敌人的首级来换。斩获敌人“甲士”（披甲武士）一名，就能成为公士获得田一顷、宅一处和仆人一个，且爵位可以世代承袭。

另外，对于影响士气、临阵退缩或者冒领军功的人，秦国的法律也十分严苛。比如，投降的士兵会被“灭三族”“戮其尸”。没有按照规定时间到达作战地点即构成失期罪，“法皆斩”。夸大或赞扬敌人，影响士气者，“戮”。除此之外，还有擅闯军营、破坏军用物资等各种罪名，一不小心就会触犯刑罚。

也就是说，作战不力，就算逃回去也难免一死，而只要作战勇猛，普通人也可以实现阶级跃迁，这就是所谓的“劳大者其禄厚，功多者其爵尊”。通过这种制度，秦人的尚武精神达到了空前的程度，“民之见战也，如饿狼之见肉”。作战时，秦军光着膀子，左手提着人头，右手提着武器，其他国家的士兵哪里见过这种场面，战斗力根本就不在同一个量级。

结果导向

商鞅在秦国搞的一整套制度设计，都是为一统天下服务的。军功制提升战斗力，经济改革提供后盾，而其他诸侯国虽然也有类似的变法，但都不如秦国来得彻底，毕竟秦国有“偏远”传统。

与之相对的是孔子。从五十五岁开始，孔子便带着弟子们从鲁国出发，游历卫国、曹国、宋国、齐国、郑国、晋国、陈国、蔡国、楚国等地，向统治者兜售自己的治国理念，也就是周代的“礼法制度”，希望能够恢复周代统治秩序，重新建立一个“大同世界”。可是，直到六十八岁，他也没能得到重用，只好放弃。

孔子在郑国时，穿得破破烂烂，在城门口等人。一个路人对子贡说：“我在东门口看到一个人，一副疲惫不堪的倒霉样儿，像一条丧家之犬。”子贡知道他说的是老师，便把这句话原封不动地告诉了孔子。孔子却笑着说：“一个人的外表如何，都是无所谓的事。可他说我像一条丧家之犬，真是一点也没错，一点也没错呀！”

孔子一心渴望恢复周朝的礼乐制度，把制礼作乐的周公当成自己的偶像，无数次在梦中梦到他。垂暮之年时，他曾对弟子感慨地说：“我垂垂老矣，很久没有梦到周公了。”这是一位老人对命运无常的叹息，也是一个时代结束的信号。

春秋时期，诸侯之间所谓的“争霸”大多是意气之争。在生产技术的限制下，天下的土地数量几乎是固定不变的，加上周天子的余威还在，各诸侯王只能去争一个“霸主”的名头，很少发生大规模的灭国战争。

可是，进入战国之后，随着铁器的出现，农业生产水平大幅提高，土地、人口成了各国争夺的核心资源，诸侯国之间的战争更加残酷，规模也更大，长平之战甚至达到了百万级别。这时，商鞅代表的法家理念就成了最有效的工具，其根本逻辑是：用最直接的方式强大自己，然后去抢别人的土地。

而孔子所代表的儒家以“仁义”“礼法”作为核心，要求减少“不义”的战争，自然不受欢迎。

我们再对这个问题作进一步深入讨论。商鞅的变法，本质是目的导向、结果导向，只看结果对自己是否有利，不在乎所谓的仁、义、礼、智、信。而孔子的主张，本质是过程导向，即强调在达成目标的过程中采取符合仁、义、礼、智、信等价值观的方法和手段。他主张减少不义的战争，强调道德伦理和礼法制度的重要性，认为治国应当以仁义为本，注重人性的完善和社会的和谐稳定。

结果导向是一种思维方式，简单来说，就是每次做事之前，都要问自己“这件事会给我带来什么”，而不是想“我应该怎么做”或者“我做了什么”。举个生活中常见的例子。家长让孩子做作业，孩子哭闹，家长一气之下把孩子训了一通，甚至动手打了一顿，最后导致矛盾激化，家长气得胸闷气短，孩子逆反心理上来了，开始与家长对峙，这就是典型的过程导向。

这位家长的思维方式是孩子不听话—生气—孩子逆反—动手，在这个过程中，家长更多考虑的是“我应该怎么做才能让孩子听话”，而不是“我要让他做作业”，问题的核心已经悄悄发生了改变，最终成了家长发泄情绪的方式。

如果用结果导向来思考，家长就会围绕“让孩子做作业”这个核心来处理问题，更专注于解决问题的本质，会更加冷静地思考如何有效地与孩子沟通，激发孩子完成作业的动机，或者寻求其他方法来帮助孩子克服作业困难。家长会更加关注如何达成目标，而不是在情绪上反映孩子的行为。

再比如，职场中，将目标转换为结果，是公司实现盈利的核心与关键。公司里很多人看起来很辛苦，每天忙忙碌碌，不辞辛苦，起得比鸡早，睡得比狗晚，但一直做不出什么成绩，也总得不到升迁。这种人，大多只是为了让自己显得忙碌，埋头做事，只对“做”负责，不对最后的结果负责，工作对他们来说就是任务。而另外一部分人，做事之前，总要先明确客户或者上级的目的，冲着最终的结果去做，对“做到”负责。最终，后者的工作大概率比前者更加突出，也更容易得到升迁。

《孙子兵法》中说：“将通于九变之利者，知用兵矣。”这里说的九变，并不是九种变化，而是指各式各样、五花八门的策略。但无论怎么变化，最终的落脚点都要放在“利”上，也就是战争的结果上，以结果为导向。

商场如战场，人生也如同战场一样。我们之所以学习、工作，都是为了争夺有限的资源。有人赚钱就有人赔钱，有人身居高位，就有人在“泥坑”中摸爬滚打。人这一生，最怕的就是年轻时意识不到世界的残酷，认为自己有大把的时间可以挥霍，大把的机会可以浪费，将名利与财富看成“身外之物”，不屑一顾，没学会赚钱先学会自命不凡。等人到中年，终于认识到了世界残酷的真相，想要发愤图强，才发现自己有心无力，上有老下有小，只能麻木地、机械地重复一天又一天的生活，任凭命运摆布。

我们要做的就是看清世界的真相，用“战争”的方式去抢夺资源，用结果导向去处理工作和生活，这样说虽然不够“高大上”，却是最实用、最有效的方式。

第二节

绳锯木断，水滴石穿

《菜根谭》——为什么坚持很难

西西弗斯

你有没有这样的经历？每次下决心要做一件事时，前几天总是能够非常好地执行，但过不了几天就会被“打回原形”，我经常这样。由于长期久坐，我身体出现了不少小毛病，咨询过医生之后，他让我加强锻炼，不用吃药，于是，我就开始尝试各种运动。

一开始，我跟着某软件做 HIT。刚开始那几天，进步非常明显，一周后就开始“上强度”了。坚持了一个多月后，因为工作太忙，有几天没做，这事就慢慢忘了。

后来，我又迷上了跳绳。在网上看了大量教程和攻略之后，我毫不犹豫地下单买了一条知名品牌的跳绳，为了保证之后的训练，我还多买了两条备用，一心想着能够坚持下来。不过，事实再次打了我的脸。从第一天心率“爆炸”，到轻轻松松能跳十几分钟不过用了一个月的时间，但我又放弃了。

再后来，我还玩过滑板，从一开始战战兢兢扶着栏杆练习平衡，到后来跟着广场上的小伙子学各种花式动作，前后也只有一个多月时间。再后来，我又开始骑自行车，从一开始的每天几公里都要大喘气，到一个多月后每天三十公里，还要上个“超级无敌大斜坡”，一样地进步飞速，一样地也没有坚持下来。这只是我锻炼生涯的一小部分。

我这种情况，就是典型的“三分钟热度”，且这个“顽疾”一直伴随了我二十多年。上中学时，因为没有手机，没有网络小说，我们的读物只有《读者》之类的杂志和报纸，“心灵鸡汤”又是其中的绝大部分内容。每次猛灌一碗“鸡汤”，总想着发愤图强，一定要考上清华、北大。可每次一觉醒来，总是会忘得一干二净，晚上熬夜，早读唱歌，上课睡觉，下课“站岗”，周而复始，有始无终。

希腊神话中有个很有趣的故事。西西弗斯是个足智多谋的人，连众神都佩服他的才智。同时，他也是科林斯的建立者和国王。

一次，众神之王宙斯掳走了河神伊索普斯的女儿伊琴娜，河神到科林斯寻找女儿，西西弗斯便以一条河流为交换条件，把伊琴娜的下落告诉了他。宙斯非常生气，便派出死神把西西弗斯关进了地狱。但谁也没想到，西西弗斯竟然设计绑架了死神，并把其藏到了一个没人能找到的地方，然后重返人间。

死神消失，人间瞬间便乱成了一锅粥，从此再也没有人去世。西西弗斯化身“希腊孙悟空”，划掉了众神的“生死簿”。宙斯震怒，派出“天兵天将”四处搜捕他。西西弗斯知道自己在劫难逃，便对妻子说：“我死后，千万不要把我的肉身埋葬，我自然有办法复活。”

妻子谨遵教诲，而西西弗斯的灵魂也被带到了地狱。当死神正要对他进行宣判时，西西弗斯却说：“我的肉身还没有安葬，你无权处置我。”死神大挠其头，一时间竟不知道该如何是好。西西弗斯对他说：“你放我回去，我让妻子尽快安葬我的肉身，你不就可以审判我了吗？”

死神再次中计，将西西弗斯送回人间，无数次催促他尽快埋葬肉身，却一直没有下文。不久之后，宙斯知道了这件事，大为震怒，他与众神商量之后，决定惩罚这个“狡猾的凡人”：你不是爱活吗？我就让你活个够！

宙斯精心挑选了一处斜坡，又找了一块巨大的原石，让西西弗斯把石头顺着斜坡滚上去，每次快要到顶时，石头就会重新滚到山脚，西西弗斯只能把它重新推上去，周而复始，有始无终。

对于“三分钟热度”的人来说，那些目标就像西西弗斯的石头一样，无论减肥、锻炼、攒钱，还是学习、工作、考研。当你开始努力接近目标时，这块石头总是会适时滚下，提醒你，嘲笑你，让你在挫败和焦虑中陷入自我怀疑：难道我真的无法坚持去做一件事吗？当然不是。

复利效应

复利的威力堪称“无形奇迹”，正如巴菲特所言：“人生就像滚雪球，重要的是找到很湿的雪和很长的坡。”理解其本质的人终将收获时间的馈赠，忽视者则困于短视的泥潭。

复利法则是指将资金或投资在一定时间内获得的利息或回报再次投资，会使投资本金得到增加，并且这种增长会随着时间的推移而呈指数级增长。简单来说，复利效应是利息对利息的积累，通过连续的复利计算，初始投资金额会以指数方式增长。

复利效应的关键在于利息的再投资，使得本金不断增加，从而产生更多的利息。随着时间的推移，本金的增长速度将不断加快，因为每一次利息的计算都是基于更新后的本金。用通俗的话来说，就是“利滚利”“钱生钱”。

我们举个例子，对于喜欢攒钱的人来说，攒钱似乎是一种让人上瘾的习惯，随着账户上数字的不断增加，人会变得越来越“抠门”，不舍得买衣服，吃大餐，因为花钱会让他们感到焦虑。如果你有 1000 块钱，你可能会毫不犹豫地把它们全部花掉，如果你有 10000 块钱，你可能会花 1000 块钱买双鞋子。相反，如果你有 10 万块，你可能反而不会花 1000 块买这双鞋。对于没有攒钱习惯的人来说，“月光”是一种执念。

这是为什么呢？因为攒钱的人从复利效应中真真切切地获得了好处，而且钱的数字越大，好处就越多。相反，习惯“月光”的人从购物行为中获得了短暂的快乐，花得越多，快乐就越多。这两种行为和结果之间都存在一种双向强化的互动关系。

攒钱的人会因为看到账户数字的增长而更加珍惜每一分钱，而月光族则会因为花钱所带来的短暂快乐而更容易放纵自己的消费行为。这种心态

只剩 1000 块了，周末出去玩一趟，全花光算了。
这个月又攒了 5000 块，中午还是在家自己做吧。
账本

和行为模式的不同，最终会导致他们在财务管理上收获截然不同的结果。

复利效应不仅在财务管理上起着重要作用，也可以在生活的其他方面找到应用，现在让我们再回头去看“三分钟热度”的问题。为什么我们在进行某项运动时，一开始能够坚持一个月？因为初始阶段，学习是最快的。拿滑板来说，第一天站不稳，第二天就可以慢慢滑行，第三天就可以快速滑行。在开始的一个月中，每天都能看到自己的进步，获得强烈的正反馈。可是，一个月之后，随着基本功逐渐熟练，我们再想进阶，往往需要长达一周或者一个多月的努力去学习一个动作，这个过程漫长、痛苦且煎熬，更重要的是无法获得正反馈，因此很难坚持下去。

学一门功课或者技术也是一样的道理。当正反馈逐渐消失后，坚持到底就成了一件十分困难的事。当刚开始学习一门功课或技术时，我们通常会经历一个快速进步的过程。在这个阶段，每一次学习都伴随着新知识的掌握和技能的提高，每一次的成功都会带来愉悦和成就感，这种正反馈会激发我们更大的学习热情和动力。这就像是投资的初始阶段，资金的增长速度很快，让人看到了未来的希望和可能性。

然而，随着学习的深入和时间的推移，我们逐渐会遇到学习的瓶颈和挑战。新知识变得更加复杂，技能的提高也变得缓慢，这时候的学习进步不再像刚开始那样明显，正反馈也逐渐减少。就像复利效应中的后期阶段一样，资金增长的速度开始放缓，需要更长的时间和更多的努力才能看到明显的效果，我们就像滚石头的西西弗斯一样，坚持的唯一目的，似乎只是为了坚持。在这个时候，很多人会面临动力不足、兴趣减退甚至放弃的情况。

西西弗斯是幸福的

加缪在《西西弗的神话》中写道：“我让西西弗斯留在山下，让世人永远看得见他的负荷！然而西西弗斯却以否认诸神和推举岩石这一至高无上的忠诚来诲人警世。他也判定一切皆善。他觉得这个从此没有主人的世界既非不毛之地，亦非微不足道。那岩石的每个细粒，那黑暗笼罩的大山每道矿物的光芒，都成了他一人世界的组成部分。攀登山顶的奋斗本身足以充实一颗人心。应当想象西西弗斯是幸福的。”

西西弗斯为什么是幸福的呢？加缪给出的原因是：“因为没有一种命运是对人的惩罚，而只要竭尽全力就应该是幸福的，拥抱当下的光明，不寄希望于空渺的乌托邦，振奋昂扬。因为生存本身就是对荒诞最有力的反抗。”

西西弗斯被认为是幸福的，是因为他在面对永恒的负担和绝望的境遇时，选择了接受和肯定。西西弗斯以一种积极的态度面对自己的命运，他不再企图逃避或抗拒，而是接受了这样的安排。他的幸福不是来自解脱或改变现实，而是来自对现实的认同和接纳。西西弗斯之所以被认为是幸福的，并不是因为他摆脱了困境或达到了某种理想状态，而是因为他从内心深处接受了生活的现实，并从中发现了幸福的含义。他的幸福源自对生活的态度和对自己命运的理解。

或许，我们要做的，不是摆脱西西弗斯式的生活，也不是寻求完美的解脱，而是学会像西西弗斯一样，接纳生活中的挑战和困境，并从中找到内心的平静和满足，去赋予平淡、艰苦的岁月以美好的含义，去把“石头”推向更高、更高、更高的地方，即使它不会到达山顶。而这个过程中，最关键的就是坚持，而如何坚持就是我们接下来要讨论的问题。

第三节

靡不有初，鲜克有终

《诗经》——复利效应的临界点

行百里者半九十

秦王嬴政最近很膨胀，凭借着几代人积累下来的强大实力，他采用“远交近攻”的方式巧破“连横”，让一个个对手在自己面前倒下。统一大局已定，接下来只是时间问题。嬴政索性把政务全都交给国相处理，自己躲起来寻欢作乐，准备享受胜利的果实。

这一天，侍奉的太监来禀报，说宫里来了个奇怪的老人。这老人年过九旬，依然精神矍铄，据说是从百里之外一路走到京城的。嬴政很感兴趣，决定亲自接见。

嬴政问老人：“老人家，你这么大的年纪，走了这么长的路，一共用了多长时间？”

老人说：“我从家乡出发，前九十里走了十天，后十里又走了十天，一共用时二十天。”

嬴政一听，这不对呀，这么简单的算术题，老人家怎么能做错呢？于是问道："十天走了九十里，怎么最后十里也走了十天？"

老人说："前十天，我精力充沛，披星戴月，自然走得快。剩下最后十里，我脚也走累了，眼也看花了，走走停停，每一步似乎都要用尽全身力气，自然就走得慢了。所以呀，看上去是一百里的路，前九十里只能算走了一半啊。"

嬴政点头说："你这么辛苦赶来，一定有什么很重要的话想对我说吧？"

老人说："我就是想把这个道理告诉大王。现在天下马上就要统一，但大王只走了前九十里，越是接近目标，越是要小心功亏一篑。即使只差十里路，走不到终点也只能算半途而废。"

嬴政听完后身心俱震，从此不敢再懈怠，终于完成了一统天下的大业。

在《战国策》中，这个故事的原型是秦武王，就是那个和大力士比赛举鼎，结果被大鼎砸断胫骨而亡的"奇葩"秦王。

《诗经》中说："靡不有初，鲜克有终。"意思是做人、做事没有人不肯善始，但很少有人能够善终。复利效应在初期不明显，真正的爆发往往在后期。越往后正反馈就越多。因此，越是在前期，就越是要依靠坚持的力量。

美国畅销书作家、演说家戴伦·哈迪曾写过一本《复利效应》，在美国引起轰动。在长达二十多年的时间中，戴伦·哈迪一直在担任《成功》

杂志的主编，其间采访过无数企业家、明星和运动员，他在书中写道：“成功不是靠运气，不论你做什么、学什么，使用什么战术或策略，有什么目标与渴求，成功都是复利效应产生的结果。”

我们所谓的成功，就是在等复利效应的那个“点”，也就是复利效应的临界点。

复利效应的临界点

戴伦·哈迪在书中讲了一个很有意思的故事。销售大师乔·吉拉德退休后，举办了一场别开生面的大会，很多人都买票前来参加。会场上，乔·吉拉德拿出一个钟摆式的铁球放在桌子上并宣布：如果有人能够摆动这个铁球，就能获得一万美金的奖励。

在场的人全都踊跃上台，可大家用尽了各种办法，铁球依然纹丝不动。这时，乔·吉拉德拿出一把小小的铁锤说：“我只需要用这个铁锤，就能让钟摆成功运动起来。”台下一片嘘声，显然没人愿意相信，一个老头子仅靠一把小小的铁锤，就能撼动大铁球，这简直是天方夜谭。

在众人怀疑而又期待的目光中，乔·吉拉德挥动铁锤，每隔两秒轻轻敲击一下铁球。观众们的嘘声更大了，甚至有人已经开始咒骂。十分钟过去了，二十分钟过去了，乔·吉拉德还是不厌其烦地重复着这个“蚍蜉撼树”的动作，脾气暴躁的观众已经撕毁门票咒骂着离场了，其他观众则交头接耳，像是在看小丑表演。嘲笑声、谩骂声此起彼伏，但这一切都没能阻止乔·吉拉德。这位“愚公”依然机械地重复着，一心想要把面前的“大山”

移开。

就在所有人都感到失望时，一个声音忽然从会场传出："铁球动了，快看！"人们纷纷向台上看去，一瞬间，场馆内鸦雀无声，在众人的注视下，乔·吉拉德的小铁锤缓缓砸在大铁球上，而那看似坚如磐石的铁球，居然真的开始缓慢摆动。他通过三十分钟的漫长坚持，终于达到了铁球的临界点，而那些失去耐心的观众，则永远也看不到这一切了。

这个故事真实发生过吗？我很怀疑。站在物理学的角度，即使每次敲击的力度和位置都相同，持续不断地敲击一个静止的铁球，也不太可能使其自发地开始摆动。这是因为在牛顿力学的框架下，静止的物体需要足够的外力才能改变其状态，而不是持续不断的外力。因此，即使持续敲击一个静止的铁球，也不太可能使其自发地摆动。但是，临界点却是真实存在的。

什么是临界点？举个例子来说。临界点通常指的是系统或过程发生根本性变化的临界状态或临界条件。在不同的领域中，临界点可能有不同的含义和应用。比如，在物理学中，水沸腾的临界点是100℃，在这个温度下，液体状态的水分子转变为气体状态（水蒸气）。水变成冰的临界点是0℃，在这个温度下，液体状态的水分子开始结晶成固体状态，形成冰。在经济学上，通货膨胀率、失业率、国债利率也都有临界点，一旦超过某个值，就会带来经济衰退、社会动荡和一系列政治问题。

复利效应当然也有临界点，当投资或资金积累达到一定水平时，复利效应的临界点就会出现，并且随着时间的推移，这种效应会变得越来越显著，做事也会达到事半功倍的效果，无论是学习、工作还是生活都是如此。

比如，“书圣”王羲之从七岁就开始学习书法，很快就小有成就，先后师从卫铄、王廙，遥奉东汉书法家张芝为师。曾巩曾写过一篇很有名的文章，叫《墨池记》。里面讲到，临川郡城的东面，有块突起的高地，名叫新城，新城上有一口长方形水池，上面挂着“晋王右军墨池”的牌子，相传王羲之曾在这里练习书法，把整个池子都染黑了。曾巩说：“羲之之书晚乃善。”早年学习书法时，王羲之曾模仿过很多人包括李斯、曹喜、钟繇、梁鹄、蔡邕、张昶，直到晚年书法才达到精妙境界，形成刚柔相济、

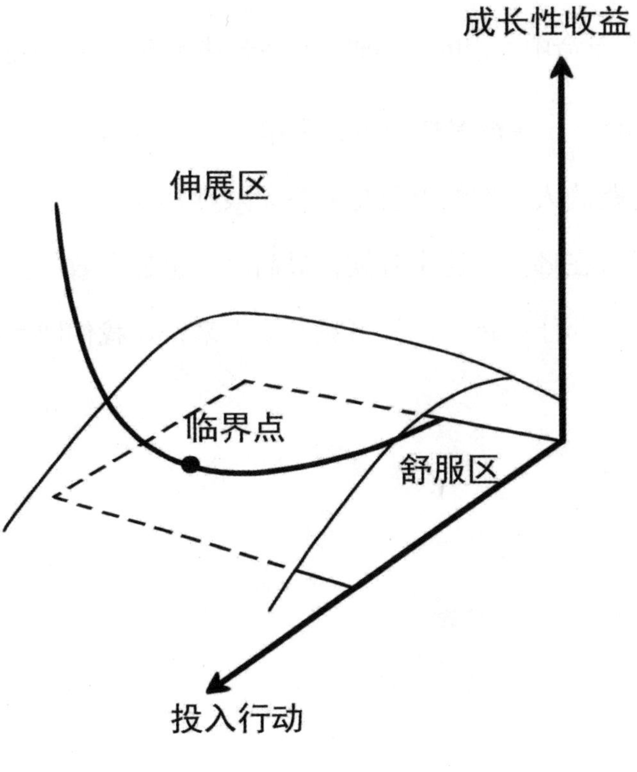

阴阳相和、不激不厉的风格，这就是我们常说的“临界点”。在达到临界点之后，王羲之的书法突飞猛进，一日千里，其本人也终成一代“书圣”。

在奔向目标的过程中，有的人知道临界点在哪，但总是因为过程中的曲折和艰难而打了“退堂鼓”。比如减肥这件事，很多人提前就设定好了目标，如一个月要减十斤，可要么无法坚持运动，要么无法抵抗美食的诱惑而放弃。一项调查数据显示，减肥成功（不反弹）的概率仅有 7%。也就是说，每 100 个减肥者中，最后能够达成目标的，仅有 7 个人。这确实很扎心，但更扎心的是，生活远比减肥要困难得多。就像西西弗斯，他知道自己达成目标的条件，就是把石头平稳地放在山顶，但在众神的干扰下，这是一个永远无法达成的目标。对于我们来说，那些困难、煎熬、挫折、艰难、失败也是命中注定的“众神”，站在云端冰冷地注视着脚下的“凡人”。

更糟糕的是，在很多情况下，你根本不知道临界点在哪里，就像一个蒙着眼走路的人，你的眼前是一条无限延伸的道路，而你根本不知道这条路的尽头在哪里。这个时候，最简单，也最有效的办法，就是坚持做正确的事。那什么是正确的事呢？接下来，让我们回到结果导向上，继续讨论。

第四节

志之所趋，无远勿届，穷山距海，不能限也

《格言联璧》——展现欲望

一万小时定律

作家格拉德威尔在《异类》中曾提出过一个十分有趣的定律：“一个人在学习的过程中，要完美掌握某项复杂技能，就要一遍又一遍艰苦练习，而练习的时长必须达到一个最小临界量。事实上，研究者们就练习时长给出了一个神奇的临界量：10000 小时。”“研究发现，任何一个领域的世界级水平都需要至少 10000 小时的训练。”这就是广为流传的一万小时定律。

10000 小时意味着什么？意味着按每天训练三个小时来算，一个人至少需要三千多天才能达到这个临界点，也就是十年。把一件事坚持做十年，对于很多人来说都十分困难。不过，我们在这里还要提出一个疑问，一件事坚持做十年就可以成为大师，那么，重复的机械性劳动也可以吗？这件事我很有发言权。

我从事过很多工作，其中有两份工作对我的影响最大。第一份工作是刚毕业时，在长春的一个物流园当装卸工。当时正值深秋，物流园来的货物，

有半车都是暖气片。有两米多长的，有一米多长的。卸货时，一个工友站在车上往下递，另一个工友在下面接货。长一点的就两个工友在下面接着。

因为我是新来的，所以，在下面接货的“光荣任务”就落在了我身上。暖气片很沉，即使最小的也有三四十斤，加上下坠的冲力，如果没点力气根本接不住，这也让我吃了苦头。到下午三四点时，我就再也接不住了，老板只好让我去干其他活。店里架设的隔断成了我们休息的地方，上面睡觉，下面尿尿，翻身就能碰到天花板。我一直有失眠的毛病，可那段时间睡得很香，累了一天连吃饭的力气也没有，下班后一躺下一秒就能入睡。

最痛苦的还是第二天早上，即使经过了一晚上的养精蓄锐，但全身的力气还是像被抽干了一样，浑身酸痛，连走路都费劲。洗脸时，手也抬不起来，好不容易颤颤巍巍举到脸上，却因为聚不起水而前功尽弃。在这样的情况下，还要再坚持工作一天。那段时间，我真切地感受到了“抽干”不是形容词，而是实实在在地对身体真实状况的描述。

第二份工作是我入职北京的一家食品厂。那个厂子是生产油炸食品的，有一个圆形的铁制模具，后面有一个把手，原料是拌上淀粉的糯米。我要用刮刀把糯米精确地刮进模具中，然后放在油锅里炸，等成型之后捞出来，一个人要管三个模具。干完活之后，还要准备原料，一天要把五六百斤的糯米全都搅拌上淀粉和盐。因为多劳多得，我干活也比较卖力，所以老板对我很满意。

可是，我却很不满意这份工作。在几年时间中，我确实成了“拌料专家”，也成了膨化食品专家，能够在一秒的时间内，用刮刀把模具表面刮得分毫不差，手像电风扇五挡一样快，可后呢？在工作时，我只觉得无比煎熬，看不到未来，也不知道人生有什么意义，每天像一台机器一样，机械、麻木、重复、疲惫。这份工作，我确实做了10000小时，也确实比任何人都要熟练，可然后呢？难道我就要这样过完一生吗？十年，再过十年，我做不动了，失去了收入来源，然后带着这个技能去重新找工作或者被效率更高的机械取代吗？我意识到，这样下去不行，于是果断结束了这样的生活。

显然，无论是做装卸工还是做食品厂员工，我都付出了努力，也都成了所谓的“专家”，可这样的“专家”毫无意义，也就是说，我没有做正确的事。那什么才是正确的事呢？

做正确的事

首先，正在做的事要有成长性。一个流水线操作员，只有熟练和不熟练的区别，没有本质上的变化。这样的工作，如果没有升迁或者换岗，再做十年、二十年也不会有什么变化。同理，高速路口收费员、装卸工、收银员、清洁工等工作都属于重复性较强、技术含量较低的岗位。在这些职业中，个人的成长空间相对有限，因为工作内容主要依赖于日常的重复操作，而且随着技术的发展和自动化程度的提高，这些岗位的需求也会逐渐减少。

其次，聚焦在长期收益，着眼短期成就。很多时候，我们之所以会半途而废，不是因为目标太大，而是因为太“贪”。刚拿起笔时，脑子里想的就是要成为知名作家。刚开始跑步，就开始幻想成为运动员。刚开始学习弹吉他或者其他乐器，就开始幻想自己能成为一名音乐家，站在舞台上为观众表演，享受荣耀和赞美。刚开始学习绘画，就想成为艺术家，创作出引人注目的作品，并在艺术界享有盛誉。当理想与现实之间存在的差距过大时，人很容易产生疲劳、焦虑和厌倦。所以，目标可以定得大一点，但做事一定要从小事开始，不断给自己正反馈。随着复利的不断叠加，坚持到“临界点”的到来。

还有很重要的一点，所谓正确的事，一定是实实在在的事，而不是虚有其表的事。如果能力与名声不匹配，最后的结果往往会适得其反。

有一次，陈佩斯在某档节目中接受采访。主持人问：“我听说您儿子也在您的戏剧团，但是您不愿意让他抛头露面，为什么呢？”陈佩斯说：“因为现在还不到时候，还在学习阶段。”主持人又问：“是怕成功太早走到他面前吗？”陈佩斯说：“他凭什么成功啊？成名会给他带来负面的东西，尤其是年轻人过早成名之后，他很多过去的毛病还没改，就会固定下来。”

楚汉相争时，项羽带八千子弟兵渡江，当时，东阳青年杀死县令，聚集了几千人，想要选一个首领出来，没有找到合适的人，就请陈婴来担任。陈婴母亲劝他说：“自我为汝家妇，未尝闻汝先古之有贵者。今暴得大名，不祥。”在母亲的苦劝之下，陈婴带着队伍投奔了项梁，这才保住了性命。

试想，如果陈婴贪图虚名，会不会成为项梁的刀下亡魂呢？这样的名不副实的例子我们已经见过很多了。譬如某男演员自称博士，凭一己之力拉低论文查重率，成了笑谈。

吸引力法则

比做正确的事更重要的，是如何坚持做正确的事，我们不需要什么大道理，而是需要切实的、可执行的方法。

吸引力法则是由美国“新思想运动之父”威廉·沃克·阿特金森在同名著作中提出的，有一点“玄学”的成分，但也有一定的合理性。作者的基本逻辑是：万有引力可以吸引地球上的一切物质，包括人类、动物甚至房屋、河流海洋，我们虽然无法“看到”，却时时刻刻都在感受它。磁铁也一样。我们能够看到铁被磁铁吸引，却看不到磁力的存在。同样，我们的思想也有磁场，“思想是一种力量，是能量的一种表现形式。它具有磁性，就如同吸引力一般”。自身的友爱可以把友爱吸引过来，同样，“愤怒、憎恨、嫉妒、厌恶和猜疑的思想则会把从别人那里散发出来的相似思想吸引过来”。

这其实是个很朴实的道理。孟子说：“君子所以异于人者，以其存心也。君子以仁存心，以礼存心。仁者爱人，有礼者敬人。爱人者，人恒爱之；敬人者，人恒敬之。”意思是，君子之所以区别于一般人，是因为他们充满慈爱之心。他们尊敬别人，别人也会尊敬他们；他们关爱别人，别人也会关爱他们。

你播种什么，就会收获什么。比如，项羽这个人很残暴，攻下樊城后，他将城中百姓全部杀光，无论老幼。这样的大屠杀，在新安、城阳、咸阳、齐城、外黄也发生过。因此，项羽逐渐失去民心，最终导致“乌江自刎”的下场。反观刘邦，他攻克咸阳之后，与当地百姓约法三章：“杀人者死，伤人及盗抵罪。”因此得到了百姓的拥护。

因此可以说，一个人的外部环境和处境，是他思想和行动的总和，而他的思想和行动会吸引同样的人。简单来说，就是物以类聚，人以群分。如果你保持积极的心态，热情、快乐、充实，就会向“宇宙发送正能量”，那些和你“能量共鸣”的人就会被你吸引过来，提供资源、机会和人脉。

同样地，如果你感到焦虑、无聊、愤怒、悲伤或怨恨，就是在“释放负能量”，那些有同样负能量的人就会被你吸引过来。我们举个极端的例子。2023 年，根据日本广播协会（NHK）公布的数据，当年有 21837 人自杀，而这些自杀者，有很大一部分都是在网上相约自杀的。在搜索引擎上以“日本”“相约自杀”为关键词，能够看到无数条相关消息。这些失意的人本应该在一起抱团取暖，却成了导致对方走向绝路的“最后一根稻草”。

所以，坚持做事的第一步，就是改变自己的思维模式和行为习惯，成为一个积极的人，专注于你想要的东西。“你完全没有必要去关注自己的意志力，所需要做的就是找到一个能够让自己下定决心为之努力奋斗的目标。”当你下定决心之后，与这个目标相关的事物、信息和人就会被你吸引，不断成为你的动力，帮助你坚持做正确的事。这一切的核心是，你心中的欲望要足够坚定，而且你必须确定，你想要的就是这个东西。“使‘吸引力法则’起作用的唯一方法就是让自己的欲望变得强烈、坚定和持久”，“那些成功人士始终相信自己所具有的能力，并且坚信自己一定能够获得最终胜利”。

怎么坚定欲望？第一，把自己的愿望写下来，放在时刻都能看到的显眼位置，如办公桌、电脑屏幕、手机壁纸等，时刻提醒自己，“时刻准备着为获得这件东西付出代价，这个代价是指你为了实现这个愿望而必须抛弃阻挠你达成这个愿望的其他小愿望，包括舒适、安逸、闲暇、消遣以及很多诸如此类的愿望”。第二，把你想要达成的成就，想要的东西（汽车、房子等）的相关信息或照片放在显眼的位置，想象自己达成或获得该物品之后的场景，给自己“打鸡血”。用因果倒置的方法，把结果变成你努力的原因，用结果导向的思维方式排除干扰，坚持做正确的事。

这种方法，对于很多人来说，显得有些“离经叛道”。传统文化总是在教育我们克制欲望，淡泊名利。《吕氏春秋》中说：“欲无度者，其心无度；心无度者，则其所为不可知矣。”《格言联璧》中说：“人之心胸，多欲则窄，寡欲则宽。”理学家们说：“存天理，灭人欲。”老子说：“五色令人目盲，五音令人耳聋，五味令人口爽，驰骋畋猎令人心发狂，难得之货令人行妨。”

然而事实上，古代的大多数文人，一边宣扬着“禁欲主义”，一边过着无比奢侈的生活。宋代贤相寇准担任邓州知州时，经常组织通宵达旦的宴会，用巨大的蜡烛摆满大厅，甚至连厕所和马厩都点着巨烛，整个府邸灯火通明，而这一根巨烛的价格，甚至超过了普通家庭一整天的收入。张居正则更加夸张，每天都要抹上价值连城的香脂才肯出门，见一个客人能换四套衣服，出门的轿子要三十二人才能抬起，轿内装饰精美绝伦，设有客室、书房、卧室、厨房、卫生间，接近五十平方米。蔡京执政时，家里有个叫翟谦的人，一次宴请五百人吃饭，每人一碗鸭舌汤，汤里有三个鸭舌。客人惊叹不已，这些鸭舌代表的就是一千五百只鸭子。据说后来又每人添了一碗。这些上位者，一边教育百姓要谨守礼教，克制欲望，一边挥霍无度，奢靡成性。就像鲁迅说的："它们是无所不为的，满口仁义，行为比什么都不如。"（《致许广平书信集》）

所以，有欲望绝不可耻，很多梦想在实现之前，都显得可笑。如果你有欲望，有愿望，只要它正当，没有损害他人，不妨大胆地展示出来，时刻提醒自己坚持做正确的事，排除一切干扰。就像曾国藩练兵时所说："手不停批、口不息办、心不辍息。"全身心投入目标，总有一天，你一定能把命运的"巨石"安放在山顶，成为另一个时空中的，重获新生的"西西弗斯"。

第五节

虽克如始战

《吴子兵法》——继续计划偏见

传奇坠落

2020年1月26日上午10点左右，一架飞机冒险穿过能见度极低的云层，飞行员迅速陷入空间定向障碍。在航空界，空间迷失是指飞行员在飞行过程中由于各种因素对飞行器的空间位置、方向或速度产生错误的认知，从而导致飞行器偏离原定航线或无法准确控制飞行器。

陷入空间定向障碍之后，飞行员应立即向空中交通管制部门或相关地面机构发出紧急呼叫，并说明当前情况和飞行器的位置。这样可以让地面人员了解到飞行器的状况，并协助飞行员采取进一步行动。如果飞行器配备有自动驾驶系统，飞行员可以启动该系统，以辅助或控制飞行器的运动，保持飞行高度或自动爬升，帮助自己稳定飞行器，以避免进一步偏离航线。

可是，飞机上这位老练的飞行员并没有这样做，而是选择一意孤行，相信自己的经验和判断。在没有任何参照物，失去空间感知的情况下，他告诉控制中心："我们正在爬升到四千英尺（约1.2千米）。"他以为自己驾驶的飞机正在上升，而实际上，这架飞机却正在大幅度左转并迅速向地面坠落，在航空界，这种现象被称为“死亡盘旋”。

几分钟后，这架飞机侧向撞击地面，坠毁在加州的卡拉巴萨斯，飞机上的九名乘客不幸遇难。其中包括NBA传奇巨星科比和他十三岁的女儿吉安娜。

令人意外的是，飞机驾驶员阿拉·佐巴扬绝不是新手，而是一位拥有超过1200小时的S−76直升机飞行经验的“王牌飞行员”，理论上不可能犯这样的低级错误。那有没有可能是科比要求他飞入云层的呢？飞机上的录音已经证明不存在这种情况，且佐巴扬与科比的关系十分亲密，公司的同事也证实，他绝不会被迫飞行危险航线。

那到底是什么原因导致了这样的悲剧呢？根据美国国家运输安全委员会（NTSB）的说法，佐巴扬的选择可能源于“将科比一行带到目的地”这一“自我施加的压力”。换一种说法，就是由客户的信任带来的压力。这种压力常常来自个人对于完成任务、保持形象或满足他人期待的强烈渴望，而非外在的命令或要求。

在这种情况下，即使飞行员拥有丰富的飞行经验，他也可能因为过度自信或对任务的急切渴望而忽视了安全标准。他可能试图克服恶劣天气条件，以满足乘客的时间要求或个人期望，而这种过度自信和急躁可能导致其自身对飞行器位置和状态的错误判断。有时，换一个“菜鸟”飞行员，反而可能会有截然不同的结果。

这种因为执着于完成任务，从而忽略了新情况和新问题的出现，最终导致功亏一篑的现象，在心理学上称为“继续计划偏见”。尤其是在即将达成目标时，这种偏见会更加强烈。

吴起克秦

你或许也有这样的经验，当一个任务即将完成时，会莫名其妙浮躁起来，无法保持冷静，集中注意力，陷入兴奋和焦虑编织的“怪网”中，最终导致任务完成得虎头蛇尾。这一方面是对成就感和满足感的过于期待导致的情绪波动，另一方面是担心完成任务后的评价和反馈。

战国初期，魏国有个大名鼎鼎的将领叫吴起，与孙武并称“孙吴”。他出身富豪之家，一心想要建功立业，在乱世中博得一席之地，于是到处寻找门路，上下打点，可散尽家财仍然没能获得一官半职，成了乡里的笑柄，乡人经常嘲笑、讥讽他。吴起一气之下，竟然杀了三十多人，逃到曾参之子曾申门下学习。

可是，吴起生来就是个“人憎狗嫌”的主儿，后来母亲去世，因他没有回去奔丧，结果被开除。之后吴起又投奔鲁国。齐宣公发兵攻打鲁国，吴起想要出人头地，却因为妻子是齐国人而受到猜疑，于是他手刃妻子，最终当上将军，打败了齐国。可是，也正因为这件事，他受到了猜忌，最后只好投奔魏国。也正是在这里，吴起的命运真正迎来了转机。

魏文侯是个很贤明的人，他问李克：“吴起这个人怎么样？”李克回答：“很好色，且用兵如神。”得到肯定的答复之后，魏文侯果断任用吴起为将，让他带兵去攻打秦国的河西地区。吴起没有辜负魏文侯的信任，带着大军一路攻城拔寨，连克五城，第二年又带兵深入秦国境内，一直打到郑县（今陕西省渭南市），令秦人闻风丧胆，秦国也因此进入了至暗时期。几年后，秦国举全国之力发动反击，结果再次被吴起击败。

吴起打仗时，和士兵同吃同住，连床铺都没有，就直接卧在地上。行军时，他跟着士兵一起赶路，从不骑乘，对士兵如同手足。有次一位士兵生病了，吴起亲自为他吮疽，士兵的母亲听说后痛哭不已。有人问他："大将军亲自给你儿子吮疽，你怎么还哭了？"那位老母亲哭着说："当年吴将军也曾给他爹吮过疽，结果他爹不久便战死了。"

河西之战后，吴起又改革兵制，创建魏武卒，"与诸侯大战七十六，全胜六十四，余则钧解。辟土四面，拓地千里"，真正做到了"百战不殆"。

在《吴子兵法》中，吴起总结了自己成功的经验。有人问他："你为什么从没有打过败仗呢？"吴起回答："一般人评价将领，只在乎他是否文武兼备，是否勇敢。其实，勇敢只是作为将领的基本素质，真正能打胜仗的将领，一定要有五种品质：一曰理，二曰备，三曰果，四曰戒，五曰约。"其中，"戒"指的就是虽然胜利在望，但还是要像第一次打仗那样慎重。

第一次打仗是什么样子呢？战战兢兢，如履薄冰，小心谨慎，全力以赴。庄子说："善骑者坠于马，善水者溺于水，善饮者醉于酒，善战者殁于杀。"古往今来，很多人都是在只差"临门一脚"时功亏一篑，为什么？因为在做事的过程中，个体积累了大量的经验，熟练掌握了相关技能，反而更容易因为自信心过强而忽视风险、放松警惕，就像佐巴扬一样。NTSB 委员会副主席布鲁斯·兰兹伯格说："离目的地越近，你就越觉得或许能成功。"

曾国藩说："圣贤成大事者，皆从战战兢兢之心而来。"比尔·盖茨最有名的一句名言是："微软离破产永远只有十八个月。"一个人想要成事，必须时刻保持警惕，在即将到达终点时，更要提起十二分精神，将风险控制到最小的程度，排除一切干扰。只有这样，才能避开继续计划偏见，真正做到"能成事"。

第六节

人有不为也，而后可以有为

《孟子》——自律与他律

因果报应

佛家说："因果报应，循环不爽。"可世上真有因果报应吗？谁要这么说，我外公肯定第一个反对。外公是个好人，好到就连路边的乞丐都会对他竖大拇指。可惜的是，他一生不曾有一儿一女，无奈之下，只好收养了两个孩子。

外公是从河南逃难到我们这边的，衣食无着，不得已做了上门女婿。他没上过学，也没什么文化。在农村生活过的人都知道，那个年代，村里的道理很简单，谁家男丁多谁家拳头就大，说话就硬气。一个上门女婿，受欺负是难免的。后来县里的厂子招工，外公就离开了这个是非之地，去县里当了工人。

外公虽然没受过什么教育，却好学，肯下苦功夫。几年时间，他就通过自学做了厂里的会计，到我上小学时，他已经做了副厂长，分得一栋二层小楼，收入也还不错。因为距离很远，我去看他的机会并不多。但每次只要一见面，他总会笑眯眯地拿出一百块钱塞到我手里，再搬条凳子，从柜子上拿下来一箱健力宝让我带走。我们家条件很不好，几乎没有机会能喝到饮料，所以每次去外公家都像过年一样。我现在才知道，他是在讨好我们，因为儿女终归不是亲生的。

外公退休后，一直不肯去舅舅家，也不肯住我家，即使行动不便，也仍然窝在自己老旧的房子里，吃着外婆做的“没盐的饭”，抽着两块钱一包的烟，坐在窗口看报纸。后来路要扩建，房子要拆迁，舅舅一家收到消息后，第一时间赶来要钱。当时据说能补偿三十多万元，舅舅的意思是，一分不剩都要给他。为这事，外公和他吵了好几次架，一直僵持了一年多。直到有一天，外公忽然去世，据我母亲说，是从凳子上摔下去离世的。

外公一走，老房子也拆了，外婆只好搬到舅舅家。可没过几天，因为受不了舅舅一家子人围着要钱，她竟然回了娘家。母亲得知后让她去我家住，她推说“怕人笑话”。又过了一段时间，外婆和舅舅就断绝了母子关系，从此之后，舅舅再也没有看过她一次，甚至外婆去世，他都没露面。

外公与外婆，一生谨小慎微，积德行善，给人帮忙从不吝啬，对待子女也尽心尽力，本应该儿孙绕膝，享受天伦之乐，却落得晚年凄凉，种下善因，却结出恶果，这是因果报应吗？反观舅舅一家，这几年却越过越好，种恶因，得善果，因果报应又在哪里呢？

有的人一生行善，走在路上不是被楼上掉下来一个花盆给砸死了，就是被车撞了，早早就走了，甚至一天福都没能享上。有的人一生作恶，却衣着光鲜地出入各种场合，名利双收，享尽荣华富贵，长命百岁，因果报应又在哪里呢？事实是，越“坏”的人，越适合在社会上生存。

因果与概率

说穿了，因果报应不过是人类为了安慰自己而人为设定的一种秩序，一种强加给世界的合理性，一种源于人性最深处的趋利避害的思维所催生出来的虚妄幻想。人最需要的是什么？除了基本的生存保障之外，就是秩序。因为秩序会告诉你，什么该做，什么不该做，做什么会给你带来利益，做什么会给你带来危害。在面对复杂和不确定的世界时，人们往往会寻求一种能够给予他们安慰和指引的解释，以此来规范自己的行为和决策。

人为什么会相信神佛？因为祂告诉你，只要去龙王庙祈雨，天上就会降下甘霖，庄稼就能长出来，人也就有了活下去的希望。只要不做坏事，就会善有善报。你问：“可我怎么没看到因果报应？”祂会告诉你：“下辈子就应验啦！做善事，让你投胎到一个好人家，赢在起跑线，生在‘五百平方米的大床上’。做坏事，就让你投胎到畜生道，做猪做狗，做牛做马。”这样一来，人就不会迷茫，做事就有了根据。

可是，因果报应真的不存在吗？准确地说，不完全存在。

南宋有个叫蒲寿庚的人，做生意很有一套，靠外贸积累了大量财富，成为泉州“首富”，还被朝廷授予“承节郎”。当时海盗猖獗，官兵无能为力，蒲寿庚便与哥哥蒲寿宬组建武装，帮助官府荡平海患，被授予福建安抚使兼沿海都制使。

靠着亦官亦商的身份，蒲寿庚的生意更加兴旺，垄断了香料的海外贸易，“以善贾往来海上，致产巨万，家僮数千”。后来蒙古南下，蒲寿庚转而投靠元朝，并在元政府的支持下，“尽杀淮军、宗子之在城者”，又假装请宋朝宗室子弟议事，“酒中尽杀之”。据郑思肖在《铁函心史》中的统计，蒲寿庚在泉州至少杀了数万名宗室子弟。蒲寿庚这个人，享尽了南宋朝廷给的“政策红利”，却在背后猛插一刀，属于地地道道的、不忠不义的小人。

整个元代，蒲寿庚后人都享受着荣华富贵。可朱元璋称帝之后，却恨透了蒲寿庚，下令将其挖坟鞭尸。

你应该还记得前几年那个很有名的，“靠一己之力推进中国法治进程”的“昆山龙哥”吧？这个人平时就嚣张跋扈，五次坐牢仍不收敛，直到最后被反杀。试想，如果他不是这样的人，还会有这样的死于非命的结局吗？

所以，我们换个角度来思考，因果报应实际上就是概率问题。与人为善，遇到危险的概率会大大降低。在遇到困难时，帮助过的一部分人就会选择伸出援手。与人为恶，遇到危险的概率自然会大幅提升。毕竟常在河边走，哪有不湿鞋？这就是孟子说的“得道多助失道寡助”。另外，既然是概率，即使这个概率只有 1%，也会有无法达成预期的情况。比如那位省吃俭用，资助上百名学生，捐款达三百多万元，自己身患癌症后却无人看望，甚至还有人继续打电话要钱的歌手丛飞。

自律与他律

孟子说："君子有所为，有所不为。"在孟子看来，人要以"义"为重，以"利"为轻，但儒家并不排斥富贵，只是排斥不义之财。就像孔子说的："不义而富且贵，于我如浮云。"

什么是"义"呢？繁体字的"義"，由"羊"和"我"组成。先秦时代，羊是作为祭祀时的牺牲存在的，所以，从字面意思上来看，"义"就意味着"利他"。换句话说，就是不能损人利己，所有行为，一旦违反该原则，就是不义，是不能做的。

儒家鼓励人们通过自律来完善道德，来明辨是非，如果有人坚持要做"不义"的事，就是法律管辖的范畴了。恶人之所以不敢随意作恶，就是因为有法律约束，因为要承担后果，这是他律。就像司马迁说的："夫礼禁未然之前，法施已然之后。"意思是礼是预防，法是兜底手段。

人为什么要自律（这里说的自律，是约束自己不要损害他人）呢？胡适说："一个肮脏的国家，如果人人讲规则而不是谈道德，最终会变成一个有人味儿的正常国家，道德自然会逐步回归。而一个干净的国家，如果人人都不讲规则而大谈道德，最终会堕落成为一个伪君子遍布的肮脏国家。"

康德则讲得更加透彻。在他看来，人之所以需要自律，是因为道德原则是人类自由的表现，它体现了人作为自主理性生命的尊严和价值。道德规则是自由人的法律，而遵守这些规则则是出于自主意志的选择。换句话说，人之所以自律，是因为人与动物有区别，要摆脱动物性，就要自觉地去遵守道德，而不是因为害怕他律而选择遵守道德，也即所谓的人性。这就是“自律给我自由”的准确含义：只有把规范内化为我们思想的一部分，摆脱动物性的本能驱动，真正实现自主意志的选择，我们才能获得真正的自由。

人之所以为人，不是因为我们积累了物质财富，创造了文明，发展了科技，甚至拥有了一定程度上改造地球、改造生命的“上帝之手”，而是因为我们有人性，这是我们生而为人最基本的尊严和价值。正因如此，才会有那么多闪烁着人性光辉的人物和时刻，才有“虽千万人吾往矣”，才有“横眉冷对千夫指，俯首甘为孺子牛”，才有“我自横刀向天笑，去留肝胆两昆仑”。

尼采说：“人是一根绳索，连接在动物与超人之间——绳索悬于深渊上方。”在达成目标的过程中，我们固然要以结果为导向，但这并不意味着要不择手段。孟子说：“君子有所为，有所不为。”我们不是因为恐惧他律而不去做不义之事，而是因为我们的自主意识告诉我们不要去做，不然和动物还有什么区别呢？

第二章

懂得变通，是成事的不二法则

第一节

知命者，不立乎岩墙之下

《孟子》——摆脱定式思维的“危墙”

杨志卖刀

“杨志卖刀”是《水浒传》中一个十分著名的桥段，讲的是杨志丢了花石纲之后，到东京谋求复职未果，穷困潦倒，只能到街上叫卖祖传宝刀，开价三千贯。古时一贯就是一千文铜钱，而当时一把菜刀的价钱不过三十文。

杨志在街上卖刀，正好碰到混迹东京城的泼皮无赖，绰号“没毛大虫”的牛二。牛二平时专在街上“行凶撞闹”，连开封府都治不了他，城里人见了都躲着走。牛二看到杨志卖刀，就想难为他一下。杨志说：“我这刀有三件好处，第一件叫‘砍铜剁铁，刀口不卷’。”牛二便从铺子里“讨了”二十枚铜钱放在栏杆上说：“汉子，你若剁得开时，我还你三千贯。”杨志“衣袖卷起，拿刀在手，看得较胜，只一刀，把铜钱剁做两半”。围观群众纷纷喝彩。

杨志又说，宝刀的第二件好处叫“吹毛得过”。牛二便从头上拔了一把头发，杨志“左手接过头发，照着刀口上尽气力一吹，那头发都做两段，纷纷飘下地来”。这时，围观群众越来越多，纷纷喝彩。

牛二觉得丢了面子，又问第三件好处是什么。杨志回答：“第三件叫‘杀人刀上没血’。”牛二泼皮劲儿上来了，让杨志必须杀个人。杨志说：“禁城之中，如何敢杀人？你不信时，取一只狗来，杀与你看。”牛二不管，还是强词夺理：“你说杀人，不曾说杀狗。”杨志不想跟他纠缠，准备躲开这个泼皮，可牛二嚣张惯了，哪里肯让他走？他先是上去揪住杨志大骂，想要不花钱白得这口宝刀，“杨志大怒，把牛二推了一跤。牛二扒将起来，钻入杨志怀里”。杨志又推，牛二“一面挥起右手，一拳打来。杨志霍地躲过，拿着刀抢入来，一时性起，望牛二颡根上搠个着，扑地倒了。杨志赶入去，把牛二胸脯上又连搠了两刀，血流满地，死在地上”。

就这样，东京府一代“泼皮之王”“没毛大虫”牛二魂归天外。

牛二的行为是层层递进的，一开始只是蓄意刁难，试探对方的态度。杨志本来是官身，一心想要恢复官职，所以选择退让，不想和他纠缠。然而在牛二看来，这是对方妥协的信号，也是他发起冲锋的号角。

牛二在东京城确实有“排面儿”，试刀的二十枚铜钱，是“去州桥下香椒铺里”直接要来的。杨志试刀后众人喝彩，牛二大喝“喝甚么鸟采”。见杨志不吃恐吓这一套，牛二便选择了 plan B，直接动手，要抢夺宝刀。杨志不想跟他冲突，还在讲理：“街坊邻舍都是证见。杨志无盘缠，自卖这口刀。这个泼皮强夺洒家的刀，又把俺打。”可“街坊人都怕这牛二，谁敢向前来劝”。牛二的回答更加嚣张：“别说打你，就是杀了你又能怎么样？”可惜他武力值不够，“武德”也不够充沛，反而被杨志要了小命。

牛二为什么敢跟杨志纠缠？因为在他所知道的规则里，这套方法对所有人都有效，包括官府，这从街坊邻居的态度上就能看出来。为什么大家都怕牛二，连官府都无可奈何？我们举个例子来说。

假设街上有一个混混，每天无所事事，不杀人，也不抢劫，只打打架，斗斗殴，而且出手特别有分寸。你告了官，他最多关进去几天就又放出来了。但你一旦招惹了他，他就往你家门口喷油漆、泼粪，败坏你名声。你是开店的，他就在你门口用大喇叭喊：“大家不要买，这家店骗人。”你要是开餐馆，他就带着一群人坐在你店里，一人点一盘花生米，一坐就是一天。你要是有孩子，他就站在校门口对着你笑。这种人像泥鳅一样，滑不唧溜，你把他抓进去，几天后他就出来了，你不管他，他天天恶心你。要说他能给你造成多大损失，也没有，可要是不管他，他有的是办法对付你。最后，你只好破财消灾，离他远远的。其实，这种人生活中有不少。

所以，在牛二的认知中，杨志就是普通的街坊，可以用撒泼来达成目的。但事实上他看走眼了，就是这一次疏忽，直接要了他的命。牛二这种思维方式，就是“认死理儿”，不懂变通，无法及时发现危险。

君子不立危墙之下

前几年有个新闻，一个母亲带着孩子过马路，在人行横道上被车撞了，孩子当场去世，母亲非常内疚，这件事当时引起了不小的轰动。当时评论区大致可以分为两拨人，一拨人认为，在没有红绿灯的人行横道，车让人就是规则，就是道理，这位母亲没有做错任何事情。另一拨人认为，车让人是规则没错，但母亲明明看到车已经过来了，且有刹不住的风险，却还要带着孩子过马路，汽车确实违反了规则，甚至违反了法律，但孩子去世带来的悲痛却要母亲承担。你自己遵守规则，但无法保证别人也遵守规则，把自己和孩子置于危险之下，用生命去赌别人遵守规则，这本身就是一种不负责任的行为。

前几天又有个类似的新闻。福州某小区内发生争执，一位女业主与一名男子发生争执，之后站在车前不让男子离开。没想到，争执过程中，该男子竟然直接强行启动车辆，一脚油门撞了过去，三名业主当场受伤。这位女业主怎么也没想到，事件会以这样的方式收场。在她的认知里，那名男子绝不敢开车撞人。

法律上有个概念叫激情犯罪，指的是在强烈情绪的影响下，个体失去理智所犯下的罪行。这种情绪可能是愤怒、恐惧、悲伤等。激情犯罪通常与情绪激动、心理失控有关，行为常常是突发性的，没有预谋，也没有经过深思熟虑。

从心理学角度来看，情绪失控会激活应激反应，此时个体将无法进行理性思考，无法对行为的后果做出评估，从而做出不理智的决定。所以，生活中千万不要“认死理儿”，把自己对于常理的认知代入他人。

孟子说：“莫非命也，顺受其正，是故知命者不立乎岩墙之下。”意思是，人生活在世界上，一切都是命运所决定的。因此，懂得天命的人，不会让自己站在危墙之下。司马迁也说："千金之子，坐不垂堂。"意思是家有千金的人，连坐卧时都不靠近屋檐处，怕屋顶的瓦片掉下来砸着自己。

思维定式

生活中，无论危墙还是屋檐，都是很好辨认的，也是很好躲开的。可是，我们的思维定式所形成的"危墙"却是最难察觉的。无论牛二、那位可怜的母亲还是那位受伤的女业主，都站在了思维定式所形成的"危墙"之下。

什么是思维定式？就是我们在解决问题或应对情境时，由于习惯性的思维模式、先入为主的观念或固有的认知框架而形成的一种固定的思维方式。这种思维模式可能会导致对信息的选择性感知、偏见或误判，从而影响我们的决策和行为。

思维定式通常是潜意识的，不容易被自我意识到，因此很难被辨认和躲避。潜意识是心理学的一个概念，由精神分析学家西格蒙德·弗洛伊德最早提出，指的是我们意识之下的心智活动和心理过程，它包括我们在不自觉中存储的记忆、情感、欲望以及对外界刺激的处理。它们常常是由我们的经验、教育、文化和环境等因素塑造而成的一种默认决策方式，类似于我们平时说的"下意识"。潜意识能量巨大，是"显意识"的三万倍左右，在情境发生变化时，它会妨碍人采用新的方法。就像分析心理学创始人卡尔·荣格所说："除非你意识到你的潜意识，否则潜意识将主导你的人生，而你将其称为命运。"

别怕，妈妈保护你。
好可怕呀！
你都这么大了还怕小狗呀。

比个人无意识更强大的，是集体无意识。古斯塔夫·勒庞在《乌合之众》里写道："在一群人中，人容易迷失自己，缺乏自我独立思想和判断。个体拥有意识，而群体一直是无意识的。""群体对一切传统事物、传统制度，都有着绝对的迷恋与崇敬；它们对一切有可能改变自身生活基本状态的新事物，有着根深蒂固无意识的恐惧。"

历史上我们可以看到无数集体无意识造成的恶果，从荷兰的"郁金香泡沫"，到日本的房地产泡沫，再到美国的雷曼兄弟公司爆雷，无不是无数人在集体无意识的引导下，疯狂催动泡沫的结果。对于生长在快速增长时代的人来说，社会和经济能够稳定增长似乎已经成了一种共识，只要努力工作就能升职加薪，房子永远不会降价。然而，随着一只又一只"黑天鹅"的出现，世界终于向我们露出了残酷的"獠牙"。

人其实和 AI 一样。AI 生成出什么内容，是由其训练过程中学习到的模式、规律和数据驱动的算法决定的。在训练过程中，AI 系统通过大量的数据输入和模型优化来学习语言、语法、语义等信息，从而能够生成符合语言规则和语境的文本。人类会说出什么话，做出什么决策，也是在过去接受的知识、经验基础上，基于逻辑和数据分析而有意为之的。

但和 AI 不同的是，人类能够思考，能够辩证，能够反思，能够打破固有认知，突破思维定式。这种自我意识和思考能力使得人类能够更加灵活地适应不同的环境和挑战。换句话说，我们能够突破思维定式，也能摆脱潜意识的控制，这就是我们接下来要讨论的内容。

第二节

不识庐山真面目，只缘身在此山中

《题西林壁》——升维思维

小儿止杀

我们之前说过，项羽是个很残暴的人，曾在攻下六座城池之后，屠杀了里面的百姓，还曾坑杀过已经投降的二十万秦军。在攻下外黄后，项羽照例下令，要坑杀城中十五岁以上的男子，城中顿时一片恐慌。此时，一个十三岁的孩子却自告奋勇，出面阻止项羽屠城。

外黄的治所在今天的河南省民权县西北内黄集宁车湾村，当时属于梁地，后来，刘邦率领诸侯联军攻下彭城及周边区域，外黄也包含在内。项羽回师重新夺回老巢后，刘邦一边安排逃跑路线，一边命令卢绾、刘贾悄悄潜入楚地，会同彭越，一把火把项羽的粮草辎重烧了个精光，还趁机攻下睢阳、外黄等十七座城邑。

项羽对彭越恨之入骨，发誓一定要亲自杀了他，并夺回失地。他从成皋出兵，面对的第一座城就是外黄，而彭越就在城中。仇人见面分外眼红，项羽指挥军队猛攻，彭越紧闭城门，坚守不出。可楚军毕竟势大，攻破城池只是早晚的事。彭越自知难守，便趁着夜色打开北门逃了出去。

主将一跑，城里人就只剩下开门投降一条路可以走。第二天，城门洞开，项羽指挥三军鱼贯而入，做的第一件事就是清点百姓，打算将十五岁以上的人全部拉到城外处决。项羽“恨屋及乌”，在他看来，如果不是城里这些人阻挠，外黄早就攻下了，所以，这些人都是彭越的帮凶，必须处死。

消息一出，外黄城顿时乱成了一锅粥，呵斥声、马蹄声、号叫声响彻全城。这时，一个十三岁的孩子挺身而出。周围人见状，都劝他不要去送死，毕竟才十三岁，还能活命。可这孩子却从容不迫，一副胸有成竹的模样。

见到项羽之后，这少年不卑不亢，对他说：“外黄被彭越占据，他手里有兵，我们在他的胁迫下不得已为他守城，每天都盼着您能回来。现在大王终于来了，却要坑杀城里的百姓，百姓怎么能有归心呢？从这里向东，彭越还攻占了十六座城池，如果大王真的把这里的百姓坑杀了，其他地方的人心里恐慌，一定会拼死守城，再想轻易攻下，恐怕就没那么容易了。”项羽听后恍然大悟，随即下令赦免了城内百姓。消息传出，其余十几座城池闻风而降。可以说，项羽的这道命令，白得了十几座城池。

这件事出自《史记·项羽本纪》。司马迁作《史记》，向来惜字如金，因为历史上发生的事件实在太多，要讲的人物和故事也实在数不胜数，就连为秦朝立下赫赫战功的李信，都没能在《史记》中留下一篇传记；写彭城之战，也只用了短短的两句话：“四月，汉皆已入彭城，收其货宝美人，日置酒高会。项王乃西从萧，晨击汉军而东，至彭城，日中，大破汉军。”

可是，司马迁却用大量笔墨专门记录了这件事，可见这个“外黄小儿”在他心中的分量，绝不亚于王侯将相。

升维思维

我们进一步分析这位少年的话术和策略就会发现，他虽然年纪小，但思维却高出普通人很多。我们先来想一想，一般人碰到项羽屠城会怎么阻止？如果是儒生，一定会给他讲大道理，不要屠杀百姓，因为这样不仁，也不义，应该爱护百姓，这样百姓才会拥戴你。如果是兵家，大概会用“杀降不祥”来劝阻。如果是道家，大概会像丘处机劝成吉思汗那样，告诉他“欲一天下者，必在乎不嗜杀人”，只有“清心寡欲”才能延年益寿。可是，这些对项羽统统不起作用，因为他坑杀二十万降卒都没有丝毫手软。二十万人是什么概念呢？相当于今天一个小县城的人口，而且都是生龙活虎的年轻人。对于项羽来说，什么仁义道德，什么杀降不祥，什么清心寡欲都是屁话，他是“霸王”，想杀谁就杀谁，想怎么杀就怎么杀。

那为什么他听了少年的话之后就改变主意了呢？因为这个少年绕开了道德问题，只讲利益：你坑杀外黄的人，其他城池就会拼命反抗，你放过外黄，其他城池就会望风而降。这就是《孙子兵法》中讲的：“不战而屈人之兵。”这句话说到了项羽的心坎上，他才不在乎什么名声，他心里唯一想的就是速战速决。

少年的这种解决问题的思路，就是升维思维——即跳出眼前问题的常规解法，换一个更高的维度去解决问题，这是打破思维定式的一种常用手段。

我们举个例子来说，某座城市的一个十字路口，每天早晚高峰都会堵车，一般来说，要解决这个问题，可以派交警在高峰时段出去指挥交通，也可以拓宽道路，还可以实施限行或道路分流。再进一步，可以利用现代科技，建立智能交通管理系统，通过实时监测交通流量和路况，自动调整红绿灯时长和交通信号，以优化交通流动。但是，这些措施只能解决一时的问题。因为这个问题的根本原因在于车流太多、人流太大。所以，我们要抓住这个根本，用升维的方式解决问题，如在十字路口修建一座立交桥，将交通流量垂直分流，将不同方向的车流交叉连接，使车辆在不同层次的道路上交叉通过，能够避免交通信号灯引起的停车等待时间，提高交通通行效率。

职场中也是一样。普通员工处于执行层，一般考虑的只有如何高效完成本职工作，获得升职加薪，但很少站在管理层的角度去想“领导为什么要布置这个任务”或“领导想要的是什么”。

我们举个例子来说。清代康熙晚年，几个儿子争夺皇位，拉帮结派，就连太子都当了“炮灰”，康熙很是恼火，却无能为力。可是，在其他皇子都在争权夺利、钩心斗角时，四皇子胤禛却远离斗争中心，一边对老爹竭尽全力尽孝，一边实心办事，从不计较个人得失。这就是老子说的：“夫唯不争，故天下莫能与之争。”胤禛知道，老爹要的是一个能办事、能替自己收拾“烂摊子”、充实国库的继承人，而决策权也在老爹手中。所以，他要做的就只有一件事：把自己的办事能力表现出来。

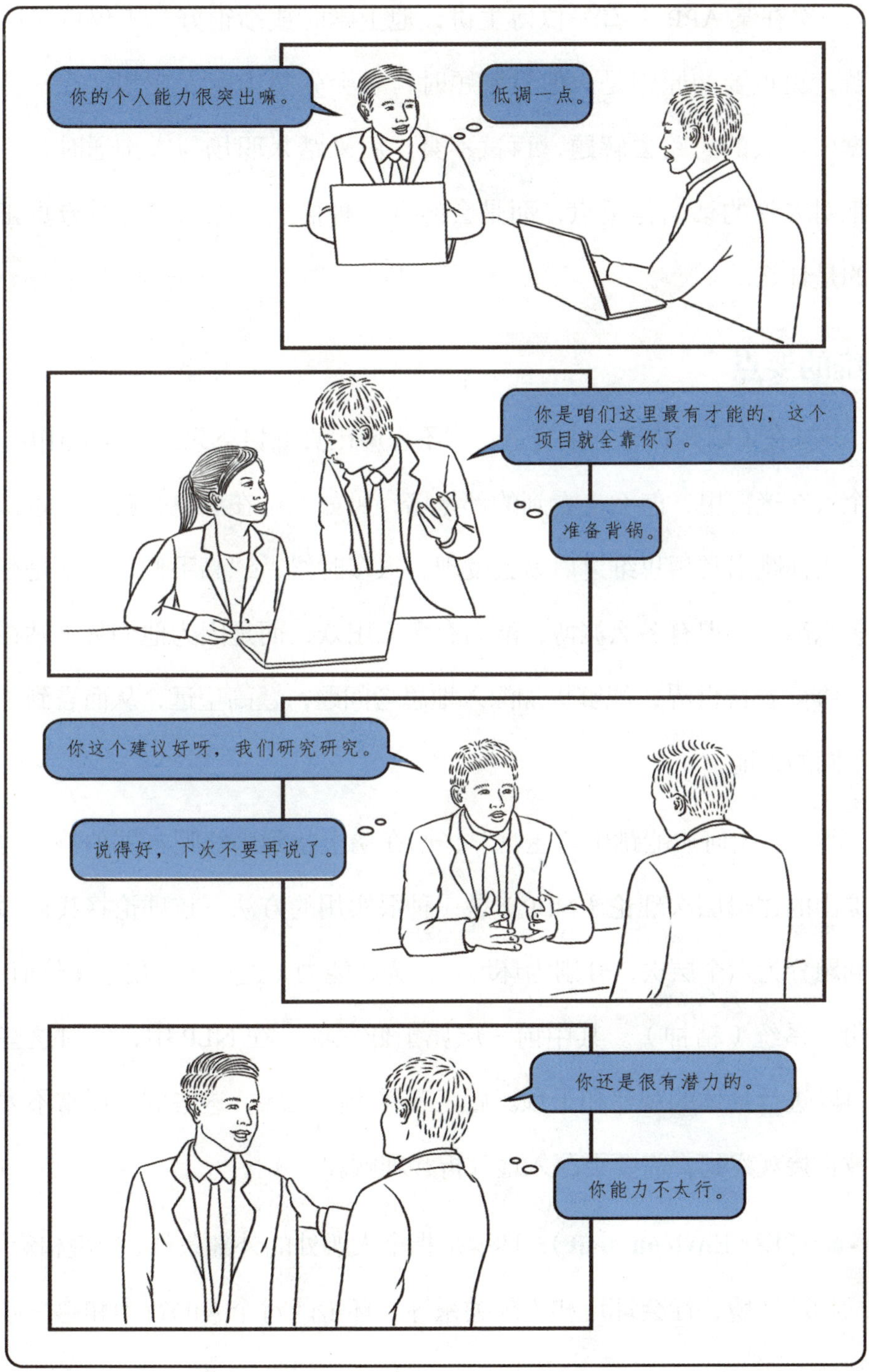
你的个人能力很突出嘛。
低调一点。
你是咱们这里最有才能的，这个项目就全靠你了。
准备背锅。
你这个建议好呀，我们研究研究。
说得好，下次不要再说了。
你还是很有潜力的。
你能力不太行。

一次在某 APP 上看一位博主讲，他上学时成绩很好，不仅仅是因为刻苦，更重要的原因是，他看到题时，总会先猜出题人在想什么，然后根据出题人的思路去解题，百试不爽。后来踏入职场与人沟通时，也不会把对方说的话当作重点，而是会结合各种信息，深入思考对方真正的目的是什么。

升维的要点

苏轼在《题西林壁》中写道："不识庐山真面目，只缘身在此山中。"一个人在迷宫里，怎么走看到的都是墙，可如果站在墙上，就怎么走都是路。当你跳出常规思维之后就会发现，很多时候，"高手们"并不是智商有多么高，学识有多么渊博，能力有多么出众，而是因为他们善于站在更高的维度看待世界，能够更加深入地思考问题，登高望远，从而看到了与众不同的天地。

那么，如何才能跳出"迷宫"，站在墙上找到出路呢？罗伯特·迪尔茨提出的逻辑层次理论（NLP）是一种很实用的方法。该理论将我们面临的问题分为六个层次，分别为环境、行为、能力（选择）、信念（价值）、身份、系统（精神）。其中前三层属于低三层，在 NLP 中，针对这些层次可以进行具体的观察和干预。后三者属于高三层，这些层次通常不太容易被直接观察到，需要更深入地分析和理解。

- **环境（Environment）：**环境是指个人所处的外部条件、情境和背景，包括物理环境、社会环境和人际关系等。环境能对个人的行为和感受产生

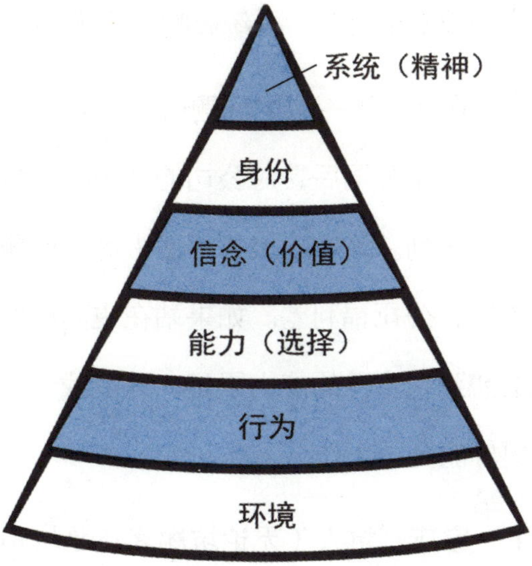

直接影响。

● **行为（Behavior）：** 行为是个人在特定环境下采取的动作和表现，包括言语、动作、习惯等。行为是对环境的响应和反应。

● **能力（Capability）：** 能力是指个人所具备的技能、知识和能力，用来应对不同的环境和任务。能力可直接影响个人的行为和表现。

● **信念（Belief）：** 信念是个人对自己、世界和他人的深刻认知和信仰，是关于价值观、原则和态度的信仰系统。信念塑造了个人的行为模式和思维方式。

● **身份（Identity）：** 身份是个人对自己的认同和自我意识，包括自我形象、角色定位和社会认同等。身份决定了个人对自己的定位和行为方式。

● **系统（System）：** 系统是指个人所处的更广泛的社会、文化和精神环境，包括家庭、社区、文化背景等。系统影响着个人的信念、身份和行为。

所谓的升维，就是在面对下一层的问题时，站在上一层的角度来思考问题。譬如，张三入职一家公司后，对公司的环境和薪资都不满意，想要改变公司（环境）又做不到。站在环境的层面去考虑问题，张三就会抱怨老板把自己“不当人”，公司福利差。如果站在更高层面（如能力层面）去考虑问题，他就会想到是自己的能力不足，只能找到这样的工作，从而提升能力，换一家更好的公司工作。

再比如，你开了一家店，坑人（无论坑顾客还是坑员工）能让你在短时间内获得大量利润，却不利于长期发展，这是信念层面的问题，你一时间无法做出决策。这时，可以把它上升到身份层面，问问自己“我要做一个什么样的人，诚实守信还是唯利是图”，只要回答了这个问题，原本的问题就能迎刃而解。

总之，在 NLP 系统中，上一层对下一层具有天然的指导作用，上一层的改变必然会向下辐射，使下一层发生变化。刘邦“创业”时，问自己的就是身份问题：是要一辈子默默无闻，还是要做站在金字塔顶端的男人？这个问题解决了，所有问题就都解决了。至于最顶层的问题，非一人、一时，甚至一代人所能够解决的，需要天时、地利、人和，那就只能“藏器于身，待时而动”。

第三节

道不行，乘桴浮于海

《论语》——差异化思维

营销鬼才

前不见古人，后不见来者。

念天地之悠悠，独怆然而涕下！

这是唐代诗人陈子昂的《登幽州台歌》诗。在唐代诗坛，陈子昂享有极高的赞誉。李白说他是“有唐第一人”。杜甫说他“有才继骚雅”“名与日月悬”，这里的“骚雅”，指的是《离骚》与《诗经》的风格。欧阳修认为他是唐诗里程碑式的人物：“天下祖尚，子昂始变雅正。”元代方回甚至赞他是“唐之诗祖也”。然而，就是这样一位大才，却长期不受重视，无法在文坛上崭露头角。

陈子昂不受待见是有原因的。他出身于地主家庭，既富且贵，不过并不是纨绔子弟，而是“驰侠使气”，一心只想做个仗剑走天涯的侠客，梦想有朝一日驰骋沙场，建功立业。司马迁说：“侠”就是“专趋人之急，甚己之私”。陈子昂家族就有“侠”的传统。一年家乡闹饥荒，乡民们都吃不饱饭，陈父便一天放出万钟之粟来赈济灾民，没想到却惹得官府不高兴了，因为百姓都拥戴陈家，后面的工作就不好开展了。

这样的“豪侠”生活，陈子昂一直过了十八年，直到一次击剑伤人之后，他才洗心革面，立志读书。陈子昂和苏轼一样，最喜欢读《汉书》，和苏轼不同的是，他喜欢的段落是“巫蛊之祸”。这是汉武帝后期发生的一次重大政治事件，朝中有小人诬告太子刘据用巫术诅咒皇帝，武帝下令彻查，最终导致皇后卫子夫和太子刘据相继自杀，数十万人因此受到牵连。陈子昂说，他每次读到这里，“未尝不为戾太子流涕也”。于是下定决心，“旁览代史，原其政理，察其兴亡”。

从这里可以看出，陈子昂读书的原因，就是从历代成败得失中吸取教训，有很强的实用主义倾向。所以，他作诗写文，也大多遵循“言之有物”的原则，不喜欢辞藻华丽、空洞的诗文，放在当时这就是大问题了。

初唐时，文坛继承了六朝传统，流行讲究排偶、辞藻、音律、典故，形式僵化，内容空虚的骈文，就连唐太宗为文也崇尚浮华。“初唐四杰”之一的王勃曾提议改革这种弊端，但他自己仍然用骈体，无法突破窠臼。陈子昂的主张，与时代显得有些格格不入。

679 年，二十岁的陈子昂到达长安，他在家乡是个远近闻名的“豪侠”，但在京城这样的地方却很难崭露头角。在长安住了很长时间，陈子昂拜访过不少人，也让他们看过自己的作品，但一直没有获得认可。二十出头，正是风华正茂的年纪，陈子昂心里苦闷，便决定到东市走走。

东市是长安城最大的两个市场之一，卖的都是“进口商品”，十分昂贵。他刚走了几步，就看到一个人在卖胡琴，要价百万，很多人都在围观。陈子昂心里一动，立刻有了主意。他走上前去，在众人惊叹的目光中买下胡琴，并宣布自己第二天要在住处开一场盛大的“音乐会”，邀请城中王公贵胄前来参观。

第二天，闻讯赶来的人有好几百，其中不乏德高望重的文坛巨擘。陈子昂拿出胡琴，摆好架势，在众人期盼的目光中大声说：“我陈子昂初来乍到，带了文章百卷，却一直未逢伯乐。和我的文章比起来，这价值百万的胡琴算得了什么！”说完便把胡琴摔了个稀巴烂，向众人赠阅自己的文章，“一日之内，声华溢都”。

差异化思维

上面这件事见于唐人李亢写的《独异志》。在古代，一个文人想要扬名立万，一般有两条路可以走。一是走传统路线，参加科举考试并名列前茅。但这条路实在艰难，三年一考，状元只有一人。二是拜门头，借助前辈的宣传走捷径，但这条路也难走。比如苏轼见欧阳修，是因为得到了张方平的推荐。当时，张方平任益州知州，是封疆大吏，在文坛上也声名显赫，而且在政治主张上和欧阳修还是“死对头”，他的鼎力举荐让苏家父子得到欧阳修的重视。陈子昂一没背景，二没功名，这两条路都走不通，只能另辟蹊径，通过砸坏胡琴来制造话题，博取名声。不得不说，陈子昂真是一位“营销鬼才”。这就是差异化思维的威力。

在商业领域，我们也能看到很多差异化思维的案例。比如，农夫山泉一句广告语“我们不生产水，我们只是大自然的搬运工”一战成名，通过大量投放该广告，重新开辟出了一条新赛道。在此之前，各大纯净水品牌都是在“纯净”上下功夫。比如乐百氏纯净水“27 层净化”，康师傅“8 道工序净化，制程百项检控”。但说来说去，这些都只停留在纯净水的角度。因此，农夫山泉一打出“天然水”的概念，并通过铺天盖地的广告完成市场教育后，就取得了后来居上的效果。

再比如，小米公司创始人雷军曾写过一篇文章，叫《全面屏的前世今生》，文章中写道：“小米在全球首创了全面屏。”当时的手机市场竞争已经进入白热化阶段，各大厂商都在卷配置，卷参数，卷优化，小米却提出了“全面屏”概念，用一张极具冲击力的商品海报，让用户直观感受到了全面屏的冲击。“全面屏手机正面应该几乎都是显示屏幕，给用户带来更具冲击力的视觉体验，属于未来的概念手机。”

MIX2 发布之前，小米公司又“将北京、上海、广州、深圳、成都、重庆、济南、沈阳、武汉九个城市地标建筑的大型户外广告牌全部点亮，打上了‘全面屏 2.0’的广告”，通过病毒式营销，让“全面屏”概念深入人心，从而开辟了一条新赛道，这也是典型的差异化思维。

孔子说：“道不行，乘桴浮于海。”意思是路走不通，就乘坐木排去海上漂流。如果要选一个词来描述当下的环境，我想最适合的莫过于“卷”。一个孩子，出生之后就开始“卷”奶粉，“卷”尿片，“卷”营养品，“卷”

辅食，生怕这个元素补充不足，那个元素比别人少了。稍微长大，又开始“卷”早教，生怕孩子这个发育不良，那个开发不好。上学之后更“卷”。小学就开始“卷”成绩，“卷”辅导班，“卷”谁的作业先做完，谁的打卡是第一，谁又参加了班级活动，谁座位排在第一。初高中更是“卷上加卷”。早上六点半起床，晚上十点放学，还要继续刷题，继续背单词，睡眠严重不足，只好“悬梁刺股”，不断告诉自己“考上大学就好了”“考上大学就轻松了”。没想到，考上大学之后一样“卷”。“卷”成绩，“卷”奖项，“卷”实习，“卷”offer。工作之后，职场更是“卷”得人怀疑人生。

你开个水果店，旁边马上就会开起另一家，你卖一块，他就敢卖九角九。你支个小摊卖淀粉肠，只要生意好，旁边马上就会出现无数淀粉肠摊。你觉得互联网门槛低，容易做，买了摄像头、声卡，开始直播。每天看着直播间里的两个观众，心里无限彷徨，另一个是你的小号。坚持一个月，到账三毛二，你只好把摄像头和声卡，打上“女生自用”的标签挂到“海鲜市场”。

换个角度解决问题

“卷”只是表象，更深层的原因是资源配置。“蛋糕”就那么大，到这一代基本已经被分完了。家里分到“蛋糕”的不用“卷”，没有分到的只好“往死里”拼命，抢夺盘子里剩下的奶油和巧克力豆。有些人不想“卷”了，也“卷”不动了，于是选择“躺平”，选择绕开大路，“乘桴浮于海”，如同 20 世纪 70 年代的美国“朋克”，遵从“儿孙自有儿孙福，不生孩子我享福”的原则。回到老家，“躲进小楼成一统，管他春夏与秋冬”。一部分人还要养家糊口，上有老下有小，只能继续沿着大路往前走，“卷”不动也得“卷”。

在这样“内卷”的时代，差异化显得尤为重要，与其在同一个赛道争得你死我活，千军万马过独木桥，不如在旁边架起一根竹竿，或者选另一条人少的桥从容通行。譬如，一个人唱歌好，但唱歌好的人有成千上万，如果你要和这些人“卷”，多半没有什么结果。不如换个思路，和工人卷，做“一个会唱歌的农民工”，如旭日阳刚。这样一来，和你竞争的就是工人而不是歌手。一个人跳舞好，也不一定要和跳舞的人去卷，可以和电工卷，做一个“会跳舞的电工”。和老师卷，做一个“会跳舞的老师”。和家庭妇女卷，做一个“穿着睡衣跳 poping 的家庭煮妇”。和外卖小哥卷，做一个“会跳舞的外卖员”。如果你文化底蕴深厚，可以选择做一个游戏主播，和他们卷文化修养。如果你是画画的，就去探店，用画换食物……这些案例在社交平台上都能找到。

这个思路背后的逻辑是：利用差异化来凸显个人特点，以减少直接与同行竞争的压力和冲突，从而寻找自己的市场定位和优势。当个体以某个职业的固有形象出现在大众面前时，大众会先给他一个很低的心理预期，只要这个人表现超出这个预期，就能获得超过本职实力的评价和赞誉，也就是我们平时所说的“反差”。

请开始你的表演。
曾梦想仗剑走天涯……
amazing！

差异化思维的本质是“求异”“求新”，也是打破思维定式的方法之一。而想要做到这一点，就要突破旧有的思维窠臼，懂得变通，去刻意地训练，尝试站在不同角度，用不同方法去解决同一个问题，从而跳出“内卷”。

第四节

贵出如粪土，贱取如珠玉

《史记》——逆向思维

阳谋无解

钱穆先生在《中国历代政治得失》中说：“任何一制度，决不会绝对有利而无弊，也不会绝对有弊而无利。所谓得失，即根据其实际利弊而判定。”历史上几乎所有王朝，都会总结上一个王朝败亡的经验，在制度上进行查漏补缺，设立新的制度。可是，这些新制度在当时看起来似乎是良药，到后面就会被证实是“毒药”。

譬如秦朝，秦始皇认为，分封制是西周走向灭亡的根本原因——诸侯国坐大，周天子无力统治。汉朝建立后，刘邦又认为，秦朝之所以灭亡，是因为没有分封王室子弟，孤立而亡。于是，刘邦又分封了很多诸侯王，并通过战争等手段消灭异姓王，与群臣杀白马盟誓，约定“非刘氏而王者，天下共击之”。刘邦认为，通过这种方式，天下就可以牢固地掌握在老刘家人手中了。终刘邦一朝，刘氏分封的诸侯王也确实很老实，没有出现过任何问题。

可好景不长，到汉文帝时期，问题就出现了。汉初，由于国家财力不足，没有足够的能力发行货币，市面上流通的钱币十分短缺，于是，民间出现了很多私铸货币的情况。这些私钱一方面破坏了国家的权威，另一方面又对经济有促进作用，历代皇帝只好睁一只眼闭一只眼，时禁时废。

文帝登基后，干脆下令废除盗铸钱令，允许民间私铸钱币，地方诸侯趁机开采铜矿铸钱，逐渐取得了能够和中央抗衡的力量，其中以吴王刘濞势力最大，桑弘羊就曾说过："汉文帝之时，纵民铸钱，吴王擅障海泽……"文帝时还发生过一件事。吴国太子刘贤入朝，与皇太子刘启玩乐，两人下棋时，刘贤对太子不恭，竟然被刘启拿棋盘砸死了。这样一来，吴王和中央的"梁子"算是彻底结下了。

景帝登基后，诸侯国不断壮大，晁错上《削藩策》，要求削减诸侯国封地，收回旁郡。晁错这封奏疏，像是往平静的水里扔了一颗炸弹，迅速把诸侯王全都"炸"了出来。不久，在吴王刘濞的带领下，楚王刘戊、赵王刘遂、济南王刘辟光、淄川王刘贤、胶西王刘卬、胶东王刘雄渠纷纷起兵造反，史称"七国之乱"。

这场战争虽然只打了三个月，但汉朝中央与诸侯国之间的矛盾却凸显了出来，已经势同水火，藩王问题必须彻底解决，永绝后患。

景帝之后，汉武帝即位。当时汉朝面临三个问题：一是土地兼并严重，二是匈奴威胁，三是诸侯王势力仍然很强大。汉武帝决定，在出击匈奴之前，先解决内部问题。可是，当时汉朝全境还有几十个诸侯国，大一点的"连城数十，地方千里”。如果采用强硬措施，把这些诸侯王惹急眼了，难保不会出现第二次“七国之乱”。

就在汉武帝犹豫不决时，主父偃上疏提出了一个绝妙的主意：诸侯王死后，将他们所管辖的地区由原来的长子继承改成由长子、次子、三子共同继承。这样一来，诸侯国的土地就会越分越小，最后由郡守统辖。这样一来，朝廷不用费一兵一卒，就能解决心头大患。这就是历史上十分著名的，被称为“无解阳谋”的推恩令。从此，诸侯国再也无法和中央抗衡，经过几代人之后，封国越分越小，“大国不过十余城，小侯不过十余里”。

推恩令为什么无解？因为它抓住了人性贪婪的弱点，皇帝通过赏赐的名义，把土地和财产封赏给原本没有继承权的宗族子弟将诸侯国一分为三，大大削弱了其实力，此举势必激起诸侯王和嫡长子反对，但原本分不到封地的其他人都会感恩戴德。这样一来，汉武帝就把中央与诸侯王之间的矛盾，转化成了诸侯国内部的矛盾，从而巧妙地解决了削藩问题。

推恩令就是一种典型的逆向思维。一般人考虑削藩问题，想的是“如何阻止地方势力坐大”“如何与诸侯国对抗”，着眼的是一种对抗关系。而主父偃想的却是“如何从内部瓦解诸侯国，从而实现中央对地方的控制”，以赏赐的名义，把对抗关系转换成了皇帝与诸侯王庶子的合作关系。

逆向思维

所谓逆向思维，就是颠覆传统的思维模式，通过反向思考或反向行动来达到预期的结果或解决问题。

历史上很多所谓的“无解阳谋”，都运用了逆向思维，如二桃杀三士、围魏救赵、挟天子以令诸侯等。这些事件的共同点，都是跳出传统思维方式，用反常规、反直觉的方式来解决问题。

什么是直觉呢？在心理学上，直觉是指在不经过推理或深思熟虑的情况下，由内心直接产生的对事物、情境或问题的一种直观感知、理解或认知。它是一种非常快速和直接的思维过程，通常涉及对经验、知识和情感的直接感受或反应。

直觉有四个特点：

- **快速反应：**直觉是一种快速的思维方式，几乎在意识到问题的同时就产生了答案或观点。

- **非推理：**直觉不需要经过推理或逻辑推导，它是一种直接的感知或洞察。

- **基于经验和情感：**直觉常常建立在个人的经验、知识和情感基础之上，是一种内在的感觉或信念。

- **难以解释：**有时直觉的产生很难用语言或逻辑解释清楚，因为它是一种直觉性的认知过程。

美国得克萨斯大学市场营销教授拉杰·拉纳森曾经做过一个很有意思的实验，他给受试者看了两张照片，一张照片上是一只肥硕的公鸡，另一张照片上的公鸡又瘦又小，让大家做出选择。拉纳森告诉第一组受试者：

第一只鸡看起来很肥，因为它是自然散养的，健康但不好吃；第二只鸡是人工饲养的，不健康但好吃。接着，他又告诉第二组受试者：肥硕的公鸡是人工饲养的，好吃但不健康；瘦弱的公鸡是散养的，不好吃，但很健康。

最终，大部分人都选择了肥鸡。教授问他们为什么这样选择时，第一组的回答是："健康更重要。"第二组的回答是："好吃更重要。"其实，大家都是靠鸡的肥瘦，也就是直觉来选择的，却给了自己一个看起来似乎很合理的理由。这是因为，直觉通常都在思维之前，没有经过任何思考加工。

我曾经给一家影视公司做过一个宣传片的文案。这家公司在业内小有名气，开价很高，但对文案的要求也很高。一开始，甲方要古香古色、大气恢宏的感觉，我写了一版后，甲方总觉得哪里有问题，但说不出来。我又按照要求重新写了一版，对方还是感觉哪里不对。我问她："请告诉我具体哪里有问题，我好针对性地进行修改。"但她也说不上来，就是"感觉"有问题。之后，我又改了好几版，"感觉"还是不对。于是，我干脆直接放弃了"古香古色、大气恢宏"的风格，换了一种完全不同的风格，没想到甲方一看，马上就把文案定下来了。

相信大家在职场中也遇到过类似的情况。你觉得甲方是无理取闹，想要"五彩斑斓的黑"，故意刁难你，其实是因为他也不知道自己想要什么，只能靠直觉去判断这个方案是否符合预期。换句话说，他的直觉和他通过思维加工所描述出来的不是一个东西，你做出的方案不符合他的直觉。

反直觉

朱光潜在《谈美》中说："美感经验就是形象的直觉，美就是事物呈现形象于直觉时的特质。"这句话有点绕口，简单来说，美是一种在我们直觉中产生的特定感受或认知，当事物以某种形象呈现在我们的直觉中时，我们便感受到了美。这种美感经验可以视作一种直觉性的理解或感知，不依赖于抽象的理性分析，而是基于形象的直觉和感知来产生。因此，一个人对于美的认知和感受，常常是源自直觉和感性的体验，而非纯粹的理性思考或推理。

比如，当你看到一幅美丽的风景画时，你可能会立刻感受到一种愉悦且和谐的情绪，这是因为画中的形象在你的直觉中唤起了美的感受。听到动人的音乐或柔和的声音时，你可能会感觉心情愉悦，这是因为音乐的形象性在你的直觉中引发了美的体验。

一个幼儿园的孩子，看到艾莎公主时，会感觉她是美的，但看到毕加索的作品时，则很难产生美的认知。这是因为艺术作品的欣赏需要一定的认知能力和经验积累，孩子需要更多的时间和机会去接触各种类型的艺术作品，来培养对抽象艺术的理解和欣赏能力。

同样的道理，我们在生活和职场中对于某件事、某个人的判断，首先依靠的就是直觉，之后在直觉的基础上再进行加工，做出最终的判断。

我有一次到机场接人，对方是个年轻有为的老板，说话中气十足，我只跟他通过电话，不知道长什么样子。当时正值五一，机场人很多，我站在接机口等了很长时间都没有找到他。等人全都离开后，他才给我打电话，说自己在吸烟区。我跑过去找到一个年轻人，只见他弯腰驼背，低着头，穿着一身印满 LOGO 的休闲装和拖鞋，正是那位老板。我之所以在接机口没有认出他，是因为我的直觉告诉我，年入百万的老板，应该是西装笔挺，或至少穿着正装，头发梳得一丝不苟，可能还会拖上一个皮箱。这就是典型的“反直觉”。

逆向思维，最重要的方法就是反直觉，对某个事物进行反向利用，从而产生意想不到的效果。比如，你要对付一个擅长辩论的人，与其找一个更擅长辩论的人和他对垒，不如找一个笨嘴拙舌的人，让他猜不透你的用意；如果你的方案无论如何也无法通过，不妨换一个完全不同的角度去重新做；如果你遇到困难时一直在原地打转，不妨停下来，换个方向看问题，或者尝试从反面思考，也许会有不同的突破。

《史记·货殖列传》中说：“贵出如粪土，贱取如珠玉。”意思是某个货物价格上涨时，要像粪土一样把它们全都抛到市场；某件商品价格下跌时，要像求取珠玉一样把它们买回来。这正是逆向思维的展现，就像巴菲特那句名言：“我与其他人不同，在别人贪婪的时候，我恐惧；在别人恐惧的时候，我贪婪。”

很多时候，前面的路走不通时，不妨回头看看，或许不远处就有一条岔路。

第三章

人情世故，是成事的关键

第一节

物壮则老，谓之不道

《道德经》——把握分寸

谋圣

公元前 218 年，秦始皇开始了自己的第三次巡游。作为建立第一个大一统王朝的“千古一帝”，他要把自己的功绩刻在天涯海角，让六朝遗老遗少闻风丧胆，让天下人都看一看始皇帝的风采，从而宣德扬威、安宇天下。

这次巡游，他准备从咸阳出发，一路向东走到山东半岛，寻找传说中的蓬莱仙岛，求取长生不老药。对于秦始皇这样地位的人来说，世俗的财富与名望早就提不起他的兴趣了，他唯一想要的就是仙药。

巡游的队伍浩浩荡荡，秦始皇乘坐的马车，是用六匹马拉动的“天子六驾”。为了防止刺客，他刻意在队伍中安排了多辆副车，每辆都由六匹马拉动。队伍行进到博浪沙（今河南省原阳县东郊）时，由于路面起伏，马车颠簸，巡游队伍不得不放缓速度。就在这时，一把重达 120 斤的大铁锤忽然从天而降，在众人震惊的目光中，将一辆副车砸得粉碎。队伍顿时乱作一团，吆喝声，护驾声，马蹄声，惊叫声响成一片。这是秦始皇离死亡最近的一次，甚至比荆轲那次还要凶险。

秦始皇大怒，下令“大索天下”，但始终没有找到刺客，因为刺客张良和高渐离早就借着芦苇的掩护逃走了，这就是著名的“张良刺秦”事件。

张良，字子房，原韩国贵族，家中世代为官，祖父、父亲都曾担任丞相，因此对秦始皇恨之入骨。为了这次刺杀，他先是散尽家财找了大力士高渐离，为他量身打造了一把120斤重的铁锤，之后又上下打点，知道了秦始皇巡游车队的具体路线。在实地勘察之后，他选择了路面崎岖，北靠黄河，南靠官渡河，芦苇丛生，方便逃走的博浪沙。只是人算不如天算，张良算到了所有情况，却没有料到车队中会有那么多“天子六驾”。刺杀失败后，张良却靠着周密的计划，逃过了秦始皇的全国搜捕，最终投奔了刘邦阵营。

刘邦攻入咸阳后，被数不尽的金银财宝、后宫佳丽冲昏了头，在皇宫中流连忘返，忘乎所以。樊哙劝他说：“外面已经闹翻天了，士兵们到处溜门撬锁，搅得咸阳城不得安宁，你也不管管！”刘邦满不在乎地说：“兄弟们跟着我就是为了发财，舍生忘死，抢点东西怎么了？”樊哙怒气冲冲地说：“你这样目光短浅，和强盗有什么区别？”刘邦大怒，一拍桌子骂道：“要不是看在兄弟的情分上，我早就把你一刀砍了。”

樊哙无奈，只得找张良。张良听后找到刘邦，说自己不是来给樊哙求情的，而是来救他的。刘邦听后一愣，说：“我刚打下咸阳，能有什么危难？”张良于是分析道：“秦国横扫六合，才二十年就亡了，就是因为暴虐无道，不得人心。咱们一路走到现在，百姓一直追随咱们，这是为什么？”

刘邦恍然大悟，让张良继续说。张良又拉出项羽说：“项羽和秦王一样，也是一个十分残暴的人，所以，想要取得天下，就不能只盯着皇帝宝座，而是要安抚人心呀。”刘邦彻底懂了，立刻下令撤出咸阳，屯军霸上，与百姓约法三章。

刘邦登基后论功行赏，说：“运筹帷幄之中，决胜千里之外，吾不如子房。”然而，张良虽然立了不世之功，位列“汉初三杰”，刘邦让他在齐地自己选一个三万户的地方作为食邑，张良却推辞不受，谦请刘邦把自己封在留地（今江苏沛县），这是他第一次遇到刘邦的地方。按理说，经过这么多年奋斗，天下终于打下了，张良位高权重，该到享福的时候了。然而，他却选择了功成身退，明哲保身，从此闭门不出，不再过问朝政大事。在残酷的皇室斗争中，他也谨守“疏不间亲”的古训，专心修道养精。

公元前 186 年，张良病逝，成为汉初少有的善始善终的功臣。而那些曾经名噪一时、立下汗马功劳的将领，如韩信、彭越、英布、卢绾等，无一不被刘邦所擒杀。

所谓分寸

我们之所以讲这三个故事，是为了说明，张良是一个把分寸把握到炉火纯青的人。刺秦时计划周密，事败时能全身而退，说明他心思缜密，行事谨慎。这是懂筹谋，有大局观。

生活中有很多人，总是抓着细枝末节不放，擅长“鸡蛋里面挑骨头”，尤其是某些领导。你给他看方案，他说你语法有错误；你给他汇报工作，他说你没有敲门；你给他说部门规划，他说你字号不对。这样的人，就是典型的没有大局观，不懂分寸。还有一类人喜欢斤斤计较，同样的工作，谁做得多了，谁做得少了，他都要一一算清楚。有时候你发现一个人“摸鱼”，不是因为他偷懒，可能是他正在“计算”。吃饭时，这类人总是在结账的时候“消失”，有时候是上卫生间，有时候是手机坏了，还有的时候是“醉得不省人事”了。这些表面上看起来是不懂人情世故，但背后的原因，其实都是没有格局，进退失度，没有把握好人际交往中的分寸。

张良劝刘邦时，面对自己的顶头上司，他没有像樊哙一样直言进谏，而是选择出其不意，把“劝”改成“救”，用反直觉的方式打开突破口。之所以这样做，一来是因为刘邦当时正处在大喜之中，顶撞的话肯定听不进去。二来是因为刘邦是他的顶头上司，要表现出自己身为下位者的自觉。这是懂规矩，有边界感，知道尊重是沟通的基本前提。

边界感的本质，是对于关系、职责、地位和自我价值的清晰认知和尊重。与没有边界感的人相处，我们经常会感到被侵犯，甚至被吞噬。他们可能会不断要求你提供超出你的能力或职责范围的帮助或服务，而不顾及你的个人需求和限制；可能会侵犯你的个人空间，包括隐私、时间和个人观点；可能会过度干涉你的生活或工作，导致你感到不舒服或压力增加；可能不尊重你的意见或感受，经常会忽视你的界限和需求，导致沟通和合作困难；还可能会过度依赖你，期望你为他们解决问题或提供支持，而不是自行承担责任。他们不仅分享欲过度，控制欲过度，还喜欢随意窥探他人隐私，开不合时宜的玩笑，表现得很“自来熟”，不尊重你……

没有边界感的人，从根本上就没有理解一件事：每个人都是独立的个体，对自己的物品、精力和时间拥有所有权，再亲密的关系，都不能随意侵犯他人的所有权，这也是法律上权利的含义。不只是占有别人的物品是侵犯，占用别人的时间，打听他人隐私一样是侵犯，是没有边界感的表现。

功成身退时，张良知道，他与萧何不同。萧何是“后勤主任”，在治国上有用，自己是谋士，只在行军打仗时有用。现在天下大定，“狡兔死，走狗烹；飞鸟尽，良弓藏”。局势稳定之后，刘邦接下来一定会消灭对政权有威胁的人，无论是武将还是谋士，一个都逃不了。这是知进退。

知进退，就是知道什么时候该说话、该做事，什么时候该听别人说、该停下来。《礼记》中说：“言必虑其所终，而行必稽其所敝。”意思是开口之前一定要想清楚，这句话说出去会产生什么后果，听到的人会怎么想。

美国心理学家托马斯·A. 哈里斯曾总结了四种人生态度：

- 我不好，你好。
- 我不好，你也不好。
- 我好，你不好。
- 我好，你也好。

所谓说话和做事的分寸，就是要把握“你好，我也好”这个核心要素。比如，随意打断别人说话，就是“我好，你不好”；喜欢抱怨的人，则是“我不好，你也不好”，与之相对的，那些习惯去听别人抱怨的人，就属于“我不好，你好”。这些都不是人际交流的正常状态。

《道德经》中说：“物壮则老，是谓不道。”任何事情一旦过了头，就会对别人造成困扰。所谓的分寸，就是做人做事的尺度，能够站在更高的地方统揽全局，不逾矩，懂得在适当的时候说适当的话，做适当的事，讲究的是刚刚好，“增之一分则太长，减之一分则太短”。

第二节

过谦者怀诈，过默者藏奸

《格言联璧》——不要过度客气

过度客气要不得

你身边有没有这样的人？他们对所有人都很客气，说话总是温文尔雅，彬彬有礼，如同“谦谦君子”。可是，真跟他打交道久了你就会发现，这个人哪里都好，就是有些虚，有些假，但是又说不上来哪里假。这多半是过度客气、过度谦虚惹的祸，我有个朋友老贾就是这样。

一次跟老贾在一个小餐馆吃饭，我们一人要了碗面条，服务员端上面条时，他连着说了好几声谢谢。过了一会儿，他跟服务员要面汤，又连着说了好几声谢谢，弄得服务员都有些不好意思了。

又有一次，老贾来找我帮忙，先是扭扭捏捏恭维了半天，不说自己有什么事。一直闲聊了很长时间、他才像是突然想起来一样，吞吞吐吐地说：“那个，我找你有点事，不知道你有没有时间，要是没时间就算了。”我问他什么事，他又连声道谢，客套一番之后，才说孩子要填个表格。我一看，也就十几分钟的事，于是答应了下来，开始询问情况。我每问一个问题，他都要连着说几声“是是是”，或者“对对对”，甚至，还要加上“谢谢”当后缀，脸上也刻意做出一副恭敬的表情，好像生怕你不耐烦一样。我本来以为这件事已经结束了，没想到第二天老贾又来道谢，表示因为这么点小事麻烦我，心里实在过意不去，十分的难为情云云。我不得不打起精神来应付，几十分钟就这样又浪费掉了。

我跟老贾不算特别熟，填表说起来也不过举手之劳，同事间互相帮忙也是再正常不过的事，但老贾这个做法实在不可取，他让本来十几分钟就能解决的问题，硬生生花了一个多小时。而且，即使老贾这样客气，这次沟通给我的体验也很不好。一是因为时间全都在客套中浪费掉了，二是他太过客气，反而让人觉得虚伪。

如果你身边也有这样的人，或者你代入相同的情境想一想，大概就能明白我当时的感受了。其实，这事本来很简单，直接开口说：“我有个事想麻烦你，不知道你有没有时间？”得到确定答复之后，再干脆利落地把事情说清楚，完事之后说一句“谢谢”就可以了。大方得体，高效沟通，这才是正确的方式。

从心理学角度分析，过度客气有可能是两方面原因造成的，一是社交焦虑。有些人对社交场合或与他人交往感到不安，想要通过过度的礼貌和客套来缓解这种焦虑，从而减轻社交压力。二是希望通过极端的礼貌和谦逊来强调自己的谨慎和善意，从而获得他人的认可和好感。这种行为反映出个体对自我形象和社交表现强烈关注，试图努力维持一种彬彬有礼的形象。

过度谦虚就是虚伪

和过度客气相对应的是过度谦虚，先讲个小笑话博君一笑。

东晋开国皇帝晋元帝是司马懿曾孙，琅琊恭王司马觐之子，稳定了朝局。殷羡任豫章太守，曾立过大功，为人十分骄纵。在赴任太守时，很多人给他托他带信，总计有上百封。没想到，他走到石头渚（今江西赣水西口）时，竟然把信全都扔进水里说："沉者自沉，浮者自浮，殷洪乔（殷羡字洪乔）不能作致书邮。"

任长沙相时，他在郡中贪婪残暴，横行无忌。当时，有人偷了石头城仓库藏米一百万斛，明明作案的都是当地的豪强，殷羡却杀了仓库的监管交差。

这样残暴的一个人，在皇帝面前却极尽阿谀奉承之能事。皇子司马昱降生后，晋元帝非常高兴，大宴群臣，赏赐玉帛，其他人都在谢赏，只有殷羡说："皇子降生，普天同庆，臣没有什么功劳，却领了这么多赏赐，实在是惭愧。"晋元帝听后笑着说："这事你要是有功劳就坏了。"群臣哈哈大笑。殷羡闹了个大红脸，恨不得找个地缝钻进去。

这就是过度谦虚惹出的笑话，本来大大方方说一句"谢主隆恩"的事，却非得整成"无功不受禄"，实在是画蛇添足。

鲁迅先生说：中国历史上只有两个时代，一是"想做奴隶而不得的时代”，二是“暂时做稳了奴隶的时代”。殷羡就是典型的奴才思维，有这种思维的人，最典型的特征就是谄上欺下。他们行为和思想背后的逻辑是：强者就应该狠狠地践踏弱者，什么人性，什么仁慈，什么道德都不重要。

所以，我们从殷羡身上再做进一步分析，那些过分谦虚的人，真的是谦虚吗？恐怕不是。很明显，殷羡绝不是个谦虚的人，不然也不会嚣张跋扈，为祸一方。他在皇帝面前低眉顺目，只是为了博取更多的利益，只是一种策略而已。这样的人，能让人感受到一点点真诚吗？恐怕也很难。

美国心理学家卡伦·霍尼在《神经症与人的成长》中写道：“过度谦虚的外表下，埋藏着一种时刻谋求自己利益的需要；事实上他发现如果他无法在某一个地方捞到点什么，则他就会相当愤愤不平；每次当他与那些对他而言比较重要的人相处时（恰恰他们的境况比他更好），他都会感到身体不舒服。”

《格言联璧》中说：“谦，美德也，过谦者怀诈；默，懿行也，过默者藏奸。”一个人过度谦虚，很有可能是想要获取更多利益。

还有一种情况，过度谦虚可能只是为了表明自己的态度，并没有什么坏心思。但这样的“假谦虚”一眼就能看穿，给人的感觉就是不真诚，有“耍滑头”的嫌疑。

比如，在一次同学聚会上，小刘和小李聊了起来。小刘自己开公司当老板，公司运营得很不错，在别人眼中是“成功人士”。小李在单位上班，工资不高，只能养家糊口。小李说：“你这些年做得真不错，什么时候传授一下成功经验呗。”小刘说：“我哪能跟你比，我这就是小作坊，不如你稳定，操的心还多。”这时小李会怎么想呢？小刘这话虽然是出自真心，但小李却可能认为他在反讽，造成误会。

一个人明明很有钱，却见人就说“我真没钱，这点钱算什么”。听到的人就会想：“你这点钱都不算什么，那我岂不是更穷？”一个人明明学习成绩很好，却经常说：“这次又没考好。”听到的人就会想：“你都没考好，我这又算什么？”一头长颈鹿对麋鹿说：“我不高，真不高，哥斯拉那才叫高呢。”试问，麋鹿会怎么想？

这样的过度谦虚，实际上是一种心理防御机制，希望通过谦虚和自我贬低的方式，引起他人的好感，进而拉近与他人的关系，增加亲近感和情绪共鸣。或是通过故意弱化自己的成就或优势，试图缓解潜在的嫉妒或竞争。然而，无论是哪种心态，过度谦虚都是不可取的，只会让对方感到不舒服。

过度谦虚导致自卑

更严重的是，过度谦虚还有可能导致自卑。很多家长喜欢用打压的方式来教育孩子，遵从“棍棒底下出孝子”的原则，孩子成绩好，家长会说：“你只不过是运气好，还要继续努力才行。”孩子画了一幅画，家长会说：“你这颜色涂得也太潦草了，怎么老是粗心大意？”孩子考了第二名，家长会说：“怎么才考第二，人家某某某为什么能考第一？”他们的口头禅还有：“我们这么拼命工作，你对得起我们吗？”

孩子在受到过度批评和否定性评价后，就会逐渐形成对自己能力的负面认知，认为自己不够优秀或不值得被肯定，对自己的能力缺乏自信，不敢接受别人的夸奖，进而造成自我怀疑，敏感脆弱，过度谦虚的情况。

为什么那么多人喜欢打压孩子呢？根源在于“养儿防老”的观念。孩子出生之后，这部分父母就会第一时间把未来寄托在孩子身上，望子成龙，望女成凤，以后好“沾孩子的光，享孩子的福”。他们从小就要让孩子感到愧疚，以增加日后获得子女回报的概率。你身边也许就有这样的人，他们最喜欢问孩子的问题是：“你以后长大了，会不会不管妈妈？”“你以后长大了，会不会给爸爸洗脚？”“你以后长大了，会不会娶了媳妇忘了娘？”

战国时期，齐国有个叫黄公的人，家里有两个女儿，都长得国色天香。可是，黄公这个人喜欢自谦，逢人就说自己家两个女儿长得很丑。当时女子不能出门，时间一长，大家就都认为他家的女儿长得很丑。这件事一传十，十传百，很快所有人都知道，老黄家有两个丑闺女。

时间一年一年过去，眼看着两个闺女年龄越来越大，却没有一个人上门提亲，黄公急得团团转。当时，卫国有个光棍，冒险娶了黄公家的大女儿，没想到入洞房时却发现对方是个“天仙”。这下，周围的人都争先恐后地前来提亲，求娶黄公家的二女儿，结果发现也是国色。

这个故事见于《尹文子》，虽然不一定是历史上发生的真实事件，但却是父母过度谦虚给儿女带来损害的案例。作者在结尾写道：“国色，实也；

丑恶，名也。此违名而得实矣。”

人际交往中，最重要的就是真诚，也就是名实相符。无论过度客气还是过度谦虚，都是名不副实，会给人以不真诚的感觉，人际关系也很难维持。真正的客气和谦虚，一定是发自内心地认识到自己的不足。

第三节

谦谦君子，卑以自牧

《易经》——越过“绝望之谷”

庞涓的“二次倒霉”

公元前 354 年，魏惠王派大将庞涓攻打中山国。这中山国本是魏国的属国，后来叫赵国趁魏国国丧给强占了。庞涓提议，中山国不过是弹丸之地，不如直接攻打赵国的都城邯郸。魏惠王从之，庞涓便率领军队长驱直入，围了邯郸。

赵国情急之下向齐国求救，答应解围之后以中山国相赠。齐国于是派出大将田忌、军师孙膑率军前往。孙膑认为，与其长途跋涉救援邯郸，不如趁魏国空虚，直捣魏国，等魏军回师来救时，在其必经之路上伏击之。后来，一切果然与孙膑预料的一样，魏军被打得丢盔弃甲，溃不成军。这就是“围魏救赵”的故事。不过，庞涓率领的只是一支轻骑，主力仍然在攻打邯郸，齐国没有正式进攻魏国都城，邯郸也没能守住。直到两年后，在各国的调停下，魏军才撤出邯郸。

这次战争中的两个主角——庞涓与孙膑是同学，年轻时都在鬼谷子处学习兵法。庞涓嫉妒孙膑的才能，怕他的成就超过自己，当上魏国大将后，便把他骗到魏国加害（施以膑刑），孙膑因此残疾。后来，孙膑逃往齐国，成了田忌的门客。

这次战争失利后，庞涓一直想着一雪前耻，没想到这一等就是十三年。公元前 342 年，魏国大举入侵韩国，韩昭侯派使者向齐国求救。田忌认为，现在派兵救援韩国，魏国气势正盛，等于是替韩国“挨打”，不如让他们先打一段时间，再坐收渔翁之利。到时候，韩国更加危急，魏军也更加疲敝，可以名利双收。齐威王深以为然。

过了一段时间，魏国五战连捷，韩国再次派人求援。齐威王认为时机已经成熟，便派田忌为主将，孙膑为军师，前往救援韩国。这一次，孙膑再次故技重施，率军袭击魏国首都。庞涓依旧未吸取上次的教训，因为在他看来，齐国迟迟不肯出兵，是畏惧魏国的实力。当时的魏国如日中天，是东方的霸主，何况又刚刚在韩国五战五胜，哪里会把齐国放在眼里？于是，他再次率领大军回援，准备把齐国的军队打得落花流水。

孙膑吃透了庞涓轻敌的心态，采用诱敌深入的战术，不断减少军灶的数量，第一天十万个，第二天五万个，第三天直接减少到三万个。庞涓一路追来，看到这场景后非常高兴，自信满满地说：“我就知道齐军怯懦，刚三天就有一多半士兵逃走了。”于是留下步兵，只带着轻骑精锐日夜兼程，继续追击。

这一天夜里，庞涓率大军行至马陵，看到道路狭窄，两旁又多是峻隘险阻，一股不祥的预感顿时袭上心头。再定睛一看，只见路旁的一棵大树被剥去树皮，露出光秃秃的白皮，隐约还能看到上面写着字。庞涓心下骇然，下马举起火把上前查看，只见树上写着“庞涓死于此树之下”。紧接着，黑暗中一声令下，万箭齐发，魏军瞬间乱成一团，不战而败。庞涓知道，自己又着了孙膑的道，大喊一声：“遂成竖子之名！”拔剑自刎。这一战，魏国元气大伤，失去了霸主地位。

庞涓的失败，表面上是缘于轻敌，但更深层的原因，实际上是他几十年间纵横天下形成了“魏军无敌”的错误认知，在孙膑刻意引导之下，轻敌冒进导致了惨败。

跨越“绝望之谷”

我们的传统文化非常强调谦虚，《易经》中说：“谦谦君子，卑以自牧。”老子说：“江海所以能为百谷王者，以其善下之。”孔子说：“三人行，必有我师焉。”房玄龄说：“谦虚温谨，不以才地矜物。”曾国藩说：“天地间，惟谦谨是载福之道，骄则满，满则倾矣。”

谦虚当然是美德，是一种发自内心的，对自己不足的认知。就像苏格拉底说的：“I only know that I know nothing。”（我唯一知道的就是我一无所知）苏格拉底把自己比作一只牛虻，是“精神上的助产士”“神赐给雅典的礼物”。他一生的大部分时间都在四处奔走，在广场、运动场、街头巷尾等各种场合找人谈话，讨论真理、美德、民主、勇气、知识等各种问题。他把雅典比作一匹由于肥大懒惰而昏昏欲睡的骏马，希望自己这只牛虻能够刺痛它，让它不要再骄傲自满，不要再继续堕落下去。

心理学上有“邓宁—克鲁格心理效应（Dunning-Kruger effect）”，也就是我们平时所说的“达克效应”。大意是说，一个人能力越差，对自己的高估就会越严重，这是一种严重的认知偏差。

水平相对低的人往往缺乏对所需技能或知识的深入理解，因此无法准确评估自己的能力水平。相比之下，水平相对较高的人更能意识到自身的局限性和需要进一步学习的空间，因此会更为谨慎地评估自己的能力。前面这种人，就是我们平时所说的“巨婴”。

邓宁－克鲁格效应（Dunning-Kruger Effect）

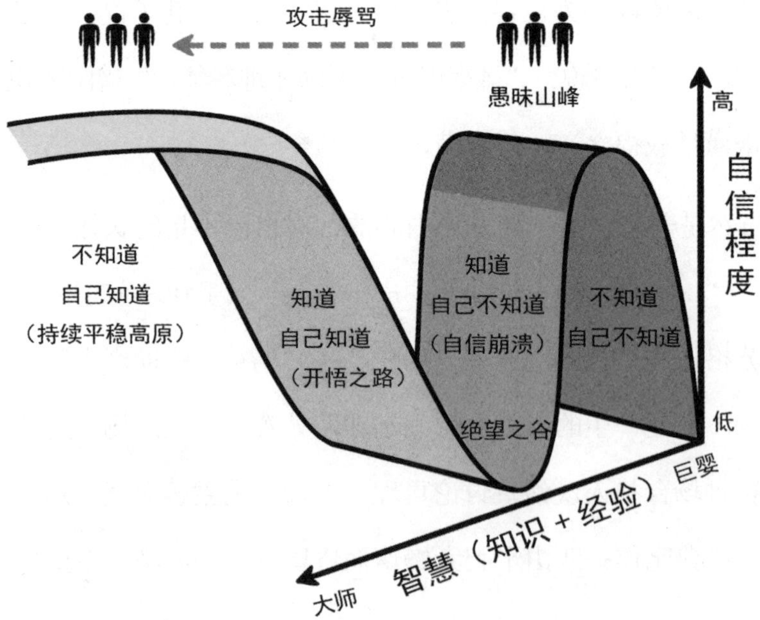

如图中的曲线所示，一个人的自信程度，会经历愚昧山峰—自信崩溃—绝望之谷—开悟之路—持续平稳高原五个阶段，每个阶段的自我认知都会出现变化。

- **愚昧山峰（Peak of Mountain Stupid）：**在这个阶段，人们对自己的能力和知识水平持有过高的估计，但实际上缺乏足够的理解和经验。这种自我评价过高可能源于对表面知识的浅显了解，而非对主题的深入理解。

- **自信崩溃（Valley of Despair）：**当人们开始认识到自己的真实能力和知识水平时，通常会经历一段自信的崩溃。这时候，他们意识到自己之前的过高评价是错误的，会感到沮丧、失落和痛苦，可以理解为遭遇“瓶颈期”。

- **绝望之谷（Valley of Despair）：**在这个阶段，人们可能对自己的能力和知识感到怀疑和不安，觉得自己无法达到预期的水平或目标，进而陷入绝望。在经历绝望之谷时，一部分人会选择“照镜子”，找到自己的不足，努力去改变现状，继续前进。另一部分人则可能会选择放弃。

- **开悟之路（Path to Enlightenment）：**随着经验的积累和学习的持续，人们逐渐开始理解自己的能力和知识的真实水平，并且接受自己的局限性。这个阶段标志着认知的开启，人们开始真正理解自己的潜力和不足。类似于孔子所说的“知天命”。

- **持续平稳高原（Continued Plateau of Competence）：**一旦人们逐渐理解自己的能力和局限性，他们就会更加客观地评估自己，并持续努力提升和发展。这个阶段代表了一种持续学习和成长的状态，自信程度在稳步提升，但不再过度自负。

我们以乔布斯的经历为例。1985 年，乔布斯被自己创立的苹果公司扫地出门。在经典传记作品《成为乔布斯》中，作者这样描述道：“从苹果逃出来的那一刻，史蒂夫坚信自己摆脱了层层压迫，重获渴望已久的自由，然而他并没有意识到自己身上依然束缚重重：声名在外，对于无伤大雅的小细节有着令人发指的完美主义倾向，管理上轻浮专横，不善于分析自身所处的行业，心中有着想要报复的强烈渴望，对于自身的弱点却茫然无知。”

这时的乔布斯处于愚昧山峰，无法意识到自己的不足，一心只想着报复，没有意识到苹果的成功不仅仅是他的努力，还有其他人的贡献。之后，他又创立了 NeXT，坚信自己能够一雪前耻，一定要让苹果公司知道，“以前的你对我爱搭不理，以后的我你高攀不起”。怀着这样的偏执，他对公司所有的事都要横插一脚，就连螺丝钉都要求完美。

然而，一切并没有像乔布斯预想的那样发展。由于在管理上的专横与浮躁，NeXT 发展得并不好，甚至遭遇了毁灭性打击，短短六年时间，当初公司的六位创始人有五个都弃他而去。“史蒂夫 1985 年提出的让 NeXT 成为‘下一家伟大公司’的愿景也变成了泡影。”这让乔布斯从自信崩溃直接跌入了绝望之谷。

然而，正所谓“有心栽花花不开，无心插柳柳成荫”。就在乔布斯陷入绝望时，他无意间投资的皮克斯却大获成功。在深入了解皮克斯之后，乔布斯意识到，这家公司之所以能够成功，是因为有着独特的管理方式："最好的管理技能就是放手，给予手下的优秀人才足够的空间，尽管这与他的天性是相违背的。"这就是乔布斯的开悟之路。在这里，他获得了逆境中奋起的勇气，将一项创新挖掘到极致的能力。

1997 年，乔布斯重返苹果公司，展开了大刀阔斧的改革。次年，这家公司便推出了 iMac，顺利度过了财务危机。之后，在乔布斯的带领下，苹果又接连推出了 iPod、iPhone、iPad 等划时代产品，这就是所谓的"持续平稳高原"。

乔布斯创建苹果公司时年仅 21 岁，可谓少年得志，鼎盛时期，这家新创科技公司的市场占有率就达到了 16%，而乔布斯的身价则高达 2.56 亿美元。对于普通人来说，这时的乔布斯无疑已经站在了人生巅峰，而他自己也是这样认为的。他坚信自己的能力，对公司的管理方式以及对产品的研发能力。就像《成为乔布斯》中所写的："那段时间，他的成就光芒万丈，他的某些行为却粗鄙不堪；他十分享受在聚光灯下的感觉，行为却常常失控；他有大批粉丝，却也树敌众多。"如果乔布斯没有之后的经历，说不定苹果公司也会在 1997 年的财务危机中倒闭。

一个人的成长，一定会完成从愚昧之峰到绝望之谷，再到持续平稳高原的历程。就像要往瓶子里灌水，一定要先打开瓶盖。如果一个人一直自信满满，从没有遇到过任何困难，也不知道"瓶颈"是什么，那他一定没有成长。

我最难熬的一段时间，是写一套关于中国传统文化的书。那套书要求极其严格，甚至到了苛刻的程度，每一个字都要反复斟酌。那段时间我经常失眠，无论是走路、骑车、吃饭还是睡觉，脑子里都在想书里的内容，有时候睡到半夜，还会因为梦到无从下笔而惊醒。那段时间，我无数次陷入自我怀疑，怀疑自己是不是不适合做这份工作，脑海中另一个声音也在不断劝我："实在不行就放弃吧，没什么的，工作有的是。"还好，经历了无数个不眠之夜后，我最终坚持了下来。那次经历之后，我整个人像是完成了某种蜕变，再也没有想过放弃。

人生就是翻过一座山，发现另一座更高的山。攀登的过程一定是艰难的，但山上的风景一定引人入胜。而翻山的前提是，即使你站在这座山的山顶，也要保持谦逊，抬起头来，望向更远的地方，因为那里还矗立着无数山峰。

第四节

上不怨天，下不尤人

《中庸》——抱怨没有任何意义

白起之死

白起最近很烦，因为秦昭襄王不听劝，执意要派人攻打邯郸，导致秦国军队不断败亡，伤亡惨重。于是他逢人便说：“唉，要是当初大王听劝，就不会有这样的结果了。”白起的不满还要从长平之战后说起。

长平之战是战国时期规模空前、影响极其深远的一次重大战役。这一仗打了三年，起因是秦国发兵攻打韩国的上党郡，使其与本国彻底切断了联系。韩王十分恐慌，派人到秦国谢罪，请求献出上党，让秦国罢兵。可是，上党郡守冯亭却是个很有骨气的人，不愿意投降秦国，便把整个上党郡全都献给了赵国。想要“驱虎吞狼”。赵国内部经过商议之后，全盘接受了上党的土地。就这样，秦赵两国之间的“导火索”算是点燃了。

不久，秦昭襄王派出大军进攻上党，王龁任主将。赵国派出老将廉颇，布置了三道防线抵挡秦军攻势。战争前期，秦军锐不可当，迅速攻破了第一道防线。廉颇分析两军优劣势之后，认为秦军长途奔袭，粮草补给困难，决定坚守不出，高筑壁垒。这项举措果然收到奇效，在第二道防线面前，秦军损兵折将，难以推进，双方逐渐陷入僵持，这一僵持就是三年。

然而，赵国的粮食产量只有秦国的三分之一，前线养着几十万大军，自己先坚持不住了。于是，昏了头的赵王决定与秦国决一死战，用赵括替换廉颇。与此同时，秦国秘密派遣白起到前线指挥作战。一个是纸上谈兵的书生，另一个是身经百战的将军，加上国力的悬殊，仅仅几个月时间，赵国便在这场战争中惨败，投降的四十万军队全部被白起坑杀。

获得上党的控制权之后，秦昭襄王准备一鼓作气，派出三路大军一举灭亡赵国。韩、赵两国惊恐万分，派人以重金贿赂秦相范雎，说："白起已经连拔七十多城，如果真让他灭了赵国，必定位列三公，您不就在白起之下了吗？不如让赵、韩两国割地求和。"范雎觉得很有道理，便劝说秦昭襄王放弃了灭亡赵国的计划。这件事传到了白起耳中，他虽然愤懑不已，但也无能为力。

一年之后，秦昭襄王又准备发兵攻打赵国，白起听说后立刻前来劝阻，他告诉秦昭襄王："攻克上党后，赵国主力几乎被全歼，本应该一鼓作气灭亡赵国。现在赵国经过这么长时间休养生息，上下一心，全民皆兵，时刻都在构筑防线，防着咱们进攻，正是最难打的时候。这个时候发兵，恐怕不好打。"

秦昭襄王出兵的决心已定，根本不听白起的话，执意派出大军。然而，事实证明，白起说得一点也没错。这次进攻，秦军损失惨重，没能占到半点便宜。秦昭襄王无奈，只得派范雎去请白起出山。然而，白起在分析了一通双方的情况之后，依然拒绝出战。这下秦昭襄王彻底怒了，拍着桌子说："我就不信，没有白起，就不能灭掉赵国了吗？"

于是，不服气的秦昭襄王继续派兵猛攻邯郸，连着打了几个月，还是损兵折将，没有丝毫进展。消息传到白起耳中，这就有了开头的一幕。这句话一传十，十传百，很快就传到了秦昭襄王耳中，他怒火中烧，亲自到白起家里，强令他说："你就算是有病，也得马上给我出征！"没想到白起还是不去。之后范雎再度请求白起复出，他还是不去。

这一下，秦昭襄王彻底怒了，下令把白起罢黜为士伍，放逐到外地。可白起还是不去，一连三个月躺在家里。秦昭襄王便召集群臣商议，说白起"怏怏不服，有余言（怨言）"，这样的人，不如直接赐死。不久后，使者带着秦王宝剑来到白起府中，赐他自尽。可怜的白起，临死之前还不知道自己犯了什么罪，仰天长叹说："我何罪于天而至此哉？"良久之后，他才又叹息道："我固当死。长平之战，赵卒降者数十万人，我诈而尽阬之，是足以死。"说完后便饮剑自刎。

白起是公认的秦国乃至战国第一猛将，曾大破韩魏联军，斩首二十四万；攻克楚都郢城，占领大片土地；屡破三晋，攻城无数；长平之战重创赵国，确立秦国霸主地位，被称为"杀神"，与韩信合称"韩白"。然而，这样位高权重、功勋卓著的将领，却因为抱怨而殒命，实在是可悲可叹。

白起之死仅仅是因为一句抱怨吗？当然不是。当时秦国还没有完成统一，正值用人之际，秦昭襄王怎么可能仅仅因为一句怨言就杀了他。怨言只是表面原因，其背后的原因以及白起表现出的态度，才是最致命的问题。

汤里的“老鼠屎”

我们来回顾一下整个事件。长平之战后，白起本来能够趁热打铁，灭亡赵国，可秦昭襄王却听信谗言耽误了进攻。白起从这时候起心里就有怨言了，只是没有说出来而已。之后，秦昭襄王再次发兵攻打赵国，白起分析利弊没有错，阻止出兵也没有错，事实证明他的结论也没有错。之后，秦王又派出范睢请他，白起却连秦王的面都没有见，直截了当地表示自己不去。秦王会怎么想呢？只能认为他心里有怨气，连自己都不放在眼里，这叫居功自傲。现在已经这样了，以后难保不会造反。正因为如此，秦昭襄王才会生气，说出：“我就不信，没有白起，就不能灭掉赵国了吗？”继续派兵猛攻。到这时，他已经在和白起赌气了。

这个时候，白起如果能够醒悟，亲自去见秦昭襄王，事情或许还没有这么严重。可惜的是，白起根本不懂，仍然躺在家里。再之后，秦军惨败，秦王又去请他，他不仅不给面子，还到处对人说：“唉，要是当初大王听劝，就不会有这样的结果了。”这就是公开“打脸”了。一国之君，最重要的就是威严。秦昭襄王三番五次请白起出山，都被拒绝了，这背后的潜台词是：秦王失去了对将领的指挥权，其他将领看到了会怎么想？人心散了，队伍还怎么带？于是，秦昭襄王在盛怒之下，以“怏怏不服，有余言”的名义赐死了白起。

白起死得冤吗？冤也不冤。冤的是他战功赫赫，料事如神，最后还是丢了性命。不冤的是，他挑战国君威严，属于“大不敬”，在统治者看来，就像汤里的“老鼠屎”，必须给它挑出来。因此，怨言的背后是不满，不满导致不配合，不配合导致触碰底线，最终导致身亡，这才是白起的真正死因。

白起抱怨，是因为不满意，准确地说，是不满意领导不听自己的建议，曾国藩曾在给四弟的信中说：“尝见朋友中有美材者，往往恃才傲物，动谓人不如己……傲气既长，终不进功，所以潦倒一生，而无寸进也。”因此选择“非暴力不合作”，假装生病不上班。领导派人去叫，亲自去叫了好几次都没有用，只好降他的职。可他还是不配合，只好把他“开除”了。再有能力，不配合领导，不好好上班又有什么用呢？把这个情况带入职场想一想就能明白了。

职场上抱怨的本质，是觉得自己怀才不遇，领导看不见自己的才能。其实，这样的情况并不少见。2018 年，某招聘网站的一份调查报告显示，至少有 66.5% 的白领认为自己“怀才不遇”，应该得到更好的待遇。在另外一些类似的调查中，这一数字甚至超过七成。

然而，有一句话说得好：怀才就像怀孕，时间久了，总会被人发现，如果一直没有崭露头角，那很有可能就是假怀才。当一个人认为自己具有出色的能力或潜力，但外界环境未能反映这种认知时，他会产生认知上的失调进而滋生抱怨和不满情绪，希望通过抱怨来改变外界的看法或期待更好的待遇。但是，没有人会喜欢抱怨的人。因为在人际交往中，抱怨意味着“掠夺”，只是掠夺的不是财物，而是情绪。

反求诸己

研究表明，坏情绪具有极强的感染力和传播能力，人们的情绪会对周围的他人产生影响，这种影响可以通过非言语的方式，如包括面部表情、声音语调、肢体语言和言语内容等进行传播。当一个人表现出强烈的情绪（如抱怨或愤怒）时，周围的人往往会受到强烈感染，从而产生类似的负面情绪。而抱怨的人，实际上是想要通过这种方式，将自己的负面情绪发泄出去，由其他人来分担心理压力，本质上是一种极其自私的表现。

曾国藩曾在给四弟的信中说：“尝见朋友中有美材者，往往恃才傲物，动谓人不如己，见乡墨则骂乡墨不通，见会墨则骂会墨不能，既骂房官，又骂主考，未入学者则骂学院。平心而论，己之所为诗文，实亦无胜人之处，不特无胜人之处，而且有不堪对人之处。只为不肯反求诸己，便都见得人家不是，既骂考官，又骂同考而先得者。傲气既长，终不进功，所以潦倒一生而无寸进也。”

信里所说的，都是曾国藩亲眼所见。每逢放榜时，总有很多考生怨天尤人，破口大骂，骂主考官不识货，骂考题太难，骂其他登第的考生不如自己，骂自己生不逢时，总之，一切都是别人的问题。

这些抱怨不仅没有用，反而会起到反作用，因为“牢骚太甚者，其后必多抑塞。盖无故而怨天，则天必不许；无故而尤人，则人必不服”。整天发牢骚，到处传播负面情绪的人，一定是个心浮气躁的人，没有人会喜欢和他相处，事业发展也不会太顺利。

那么，如何做一个不抱怨的人呢？曾国藩的办法是“反求诸己”，不断鞭策自己丰富学识，完善人格，静等时机。背后的道理其实也很简单，抱怨的底层逻辑，是期望与现实不符，既然如此，那就不断提高能力，尽全力向自己的目标进发。

《中庸》里说：“上不怨天，下不尤人，故君子居易以俟命，小人行险以侥幸。”一个高认知的人，从来不会抱怨上天不给自己机会，也不会抱怨没有人了解自己，而是会默默地从自己身上找原因，日拱一卒，最终踏足山巅，一览众山小。

第五节

生而不有，为而不恃，功成而弗居

《道德经》——懂得分功

曾国藩的为官之道

1859 年 11 月，湘军倾巢出动，在曾国藩的率领下从黄州巴河出发，一路向东进击安庆。行军途中，曾国藩不断叮嘱自己，这场战役“目前关系淮南之全局，将来即为克复金陵之本”。

安庆是太平天国都城天京上游的重要门户，也是粮食和物资运转基地，储藏着太平军过半的物资。如果把太平天国整个区域比作一栋宅子，安庆就是这栋宅子的大门，战略地位十分重要。可以说，这场战役不仅关系着天京的存亡，也关系着整场战争的走向。

这场仗打得十分顺利，曾国藩率领的先头部队迅速攻克太湖、潜山。与此同时，其弟曾国荃则率领上万人向南进发。太平天国叛将韦俊攻占枞阳，鲍超部向西攻占石牌，完成了对安庆的四面包围。

但是，曾国藩并没有忙着进攻。他这次如此兴师动众，为的根本不是一座小小的安庆，而是“围点打援”，尽可能消灭太平军有生力量，为光复天京做准备。其实，曾国藩的战略意图也谈不上有多高明，稍微懂点军事常识的人都能看出来，几乎是“明牌”在打。可安庆实在太过重要，太平军不得不救。

消息传回天京，洪秀全坐立不安，急令陈玉成率领十万太平军回援。陈玉成与清军在桐城西南遭遇，清军大败。正当太平军准备高歌猛进，解救安庆时，韦俊在后方突施冷箭，截断太平军粮道，第一次救援宣告失败。

洪秀全心急如焚，急令所有太平军全体出动，不惜一切代价救援安庆，可惜仍然没有成功，太平军损兵折将，仍然无法解围。无奈之下，太平天国高层只好另辟蹊径，选择进攻武昌，通过“围魏救赵”来引曾国藩回援。

英王陈玉成率领军队向北进发，仅用了十几天就连克数城，所向披靡。大军进逼武昌时，城里的清军乱成一团，主管粮台的阎敬铭甚至直接上吊自杀了。可惜的是，曾国藩根本不吃这一套。湘军大本营在湖南，他是两江总督，节制浙、皖、苏、赣四省军务，你太平军打湖北武昌，跟我曾国藩有什么关系？

曾国藩作壁上观，同在安庆战场的湖北巡抚胡林翼却不能坐视不管。他请求曾国藩驰援武昌，被拒绝后，只好亲自带兵回援，串通洋人，以“保护贸易”的名义解了武昌之围。陈玉成无法攻克武昌，只好率领部队重新回援安庆。与此同时，曾国藩也下令部队猛攻安庆。

情况万分危急，洪秀全决定破釜沉舟，背水一战，倾太平军之力与湘军展开决战。可惜的是，经过长时间“围点打援”，太平天国能够出动的生力军已经十分有限，就算各衙的人马全都抽调到前线，也不是湘军的对手。

1861 年 9 月，安庆陷落，太平军死伤惨重，曾国藩大获全胜。这场战争消灭了大量太平军有生力量，占领了天京门户与物资储备中心，给了太平天国致命一击，使天京暴露在湘军的矛头之下，洪秀全失败只是时间问题了。

曾国藩无论是打仗还是为人，都最讲“稳慎”。太平军围攻指挥部，他“手书遗嘱，帐悬佩刀，从容布置，不改常度”，无论是战略规划还是战术制定，他的功劳都是绝对的第一。可是，在论功行赏时，他却总是“推功诸将”，说安庆之战是“胡林翼之筹谋、多隆阿之苦战”，从来不说一句自己和弟弟曾国荃的功劳。

曾国荃对此很不满，曾国藩告诉他：“要步步站得稳，须知他人也要站得稳，所谓立也；要处处行得通，须知他人也要行得通，所谓达也。”自己想要功劳，别人也想要；自己想在官场上站稳脚跟，别人也一样想；自己想要事事行得通，别人也想。这就是孔子所说的“推己及人”。

曾国藩为什么不说自己和弟弟的功劳？因为真正立下大功根本不用去讲，别人都看得见。皇帝难道不知道安庆之战是曾国藩指挥的？曾国藩的部将难道不会上疏去说？所以，有些话根本不用自己说，这就是所谓的“功不己居，名不己出”。

分功的力量

现实生活中，尤其是职场中，一定要明白一个道理，大家工作都是为了赚钱，只有让对方赚到钱，他才能给你创造效益。

任正非曾在《一江春水向东流》中反思自己从少年到青年时期一直不顺遂的原因：

“小时候，妈妈给我们讲希腊大力神的故事，我们崇拜得不得了。少年不知事的时期我们又崇拜上李元霸、宇文成都这种盖世英雄……当然这种个人英雄主义，也不是没有意义，它迫使我们在学习上争斗，成就了较好的成绩。

“当我走向社会，多少年后才知道，让我碰到头破血流的，就是这种不知事的人生哲学。……当我明白团结就是力量这句话的政治内涵时，已过了不惑之年。想起蹉跎了的岁月，才觉得，怎么会这么幼稚可笑，一点都不明白开放、妥协、灰度呢？”

43 岁那年，任正非被“炒了鱿鱼”，还离了婚，带着父母住在深圳的棚屋里。人到中年，他感到无比的迷茫。之前，他已经做到了南油集团下属一家电子公司的副总经理，收入颇丰，觉得自己是个人物。可如今，他坠落谷底，上有老人要抚养，下有儿女要养育，还要兼顾几个弟弟妹妹的生活。

经历了这次难关之后，他终于想清楚了一件事：“我后来明白，一个人不管如何努力，永远也赶不上时代的步伐，更何况知识爆炸的时代。只有组织起数十人、数百人、数千人一同奋斗，你站在这上面，才摸得到时代的脚。我转而去创建华为时，不再是自己去做专家，而是做组织者……从事组织建设成了我后来的追求，如何组织起千军万马，这对我来说是天大的难题。”

如何组织起上千上万人，并让所有人为一个目标共同奋斗，任正非给出了自己的答案：人人股份制。1990 年，任正非提出员工持股制，公司税后利润的 15% 作为股权分红。

此后，随着员工规模扩张和外部环境变化，华为实施了多次股权激励机制改革，股票分红成为华为员工收入重要一环；2000 年，华为公司董事会决定，将华为新技术公司工会持有的 11.85% 股权并入到华为公司工会，任正非独立股东地位第一次得到确认。华为将任正非所持 3500 万元股份单独剥离，并在工商局注册登记，使其单独持有 1.1% 股份，其余股份全部由工会持有，并通过工会实行员工持股，真正把员工酬劳与公司发展绑定了起来。

“43 岁下海创业，53 岁产品走向世界，63 岁完成企业转型，72 岁为世界定行业标准。30 年，他把一个作坊变成震惊世界的科技王国，形成了一套可成为经典的管理模式。”这是时代人物对任正非成就的总结和评价。任正非的成功，员工持股计划起到了至关重要的作用。

现在很多公司管理者学习华为的“狼性文化”“床垫文化”，要求员工拼命干，努力干，加油干，最好能把床垫带到公司干。可他们忽略了一件事，狼是要“吃肉”的，一个月开三千元，说再多的空话、大话、套话都没有用。一个月开三万元，别说把床垫搬过来，就是让一家老小住进来都行。

很多管理上的问题，人际关系上的问题，本质上都是利益分配不均的问题。比如太平天国的天京事变，就是因为领导人之间利益分配不均，内部四分五裂，才爆发了严重的内部冲突。东王杨秀清大权独揽，嚣张跋扈，不仅打了翼王石达开的岳父，还对燕王秦日纲施以杖刑。

因此，无论是在职场还是生活中，不管做了什么事，一定不能把自己的功劳挂在嘴边，而是要学会分功，把功劳分给大家，如此才能获得更多人的支持，路才会越走越宽。

“邀功”很有必要

当然，在自己有功劳的时候，也要学会“邀功”，让领导发现。职场中很多人，相信“天道酬勤”，只要自己努力工作，就一定能升职加薪。殊不知，很多时候自己的功劳都会被那些会“邀功”的人抢去。因为作为管理者的逻辑只有一个：把事办成。至于是谁办成的，根本不重要。

但是，邀功一定要注意方式方法，不然很容易引起领导的反感和其他同事的“白眼”。首先要确定核心方法，把“邀功”改成“汇报”，这一方面是让领导知道哪些工作是你完成的，哪些提议是你提出的；另一方面，能够在领导心中给自己树立起一个有规划、负责任的形象。

其次，要注意汇报的方法。在汇报时，一是要“清”。也就是说话要

这个项目做得不错，你辛苦了。
这个项目多亏了刘总，他才是大功臣，我就是个打杂跑腿的。
这么年轻就做成了这么多项目，真是年轻有为呀。
这都是公司的资源好，我哪有那么大的本事。

清清楚楚，不能含糊其辞，使用“差不多”“大概”“应该”等类似的词语。二是要“简”。不要说太多客套话，直接开门见山讲工作内容，能用一句话讲明白的，不要用两句话，能用五分钟说完，不要用十分钟。三是要“全”。汇报工作时，除了展示工作进展之外，还要指出现在的问题，以及你为解决问题进行过哪些努力，需要哪些帮助。

最后，还要注意汇报的时间。尽可能避开吃饭、睡觉、休息和假期，要在工作时间进行汇报。不要影响领导休息。

一定要想明白，“邀功”不是为了抢功，而是为了保护自己的劳动成果，展现积极的工作态度，不让别人把自己的成果抢走。在职场和生活中，不要把别人能看见的功劳挂在嘴边，这样只会惹人嫌。对于别人看不到的功劳，一定要用恰当的方式，找合适的时机展现出来，这样才不会做无用功。如果把功劳让给上面的人对你有利，就可以分一部分出去。这样对方会为了自己得利，给你更多的资源。

当下互联网流行一句话：对于人情世故，以前的我不屑一顾，现在的我逐字分析。不屑一顾，是因为还没有进入社会，不懂得人心险恶，世态炎凉。逐字分析，是因为想要积极融入社会，过上更好的生活，这才是真正的生存智慧。

第六节

往而不来，非礼也

《礼记》——送礼实用指南

陶朱公送礼

无论职场还是社会，想要求人办事或维护关系，送礼始终都是绕不开的一个话题。但送礼可不是一件简单的事，一旦送不好，不仅事办不成，有时候还会得罪对方，甚至造成严重后果。

春秋时期，范蠡辅佐越王勾践复国之后，功成身退，定居于宋国陶丘，靠着做生意成了“中国首富”，被人称为陶朱公。一次，范家二公子在楚国杀人被抓了起来，马上就要判死刑。范蠡知道后，决定让小儿子带一千金去找楚国大夫庄先生。大儿子知道后十分生气，觉得父亲看不起自己，便以死相逼。范蠡无奈，只得让他去楚国打点关系，临走前千叮咛万嘱咐：到地方送完金子就走，不要声张。

范大公子到楚国把黄金送给庄先生，庄先生对他说：“你赶紧离开，千万别在楚国逗留，你弟弟过不了多久就能出来了。”庄先生是出了名的正直廉洁，就连老百姓都知道。他收范蠡的钱，为的只是让他安心而已，可他怎么也没想到，范大公子不仅没有离开，还拿着自己的私房钱四处打点。

不久，庄先生面见楚王，说最近天有异象，要实施德政才能转危为安。楚王一听，便准备大赦天下。消息传出后，范大公子也听说了，便找到庄先生要回自己送出去的金子。庄先生十分震惊，问他为什么没走。范大公子便对他说："我听说楚王要大赦天下，所以特地来辞别。"庄先生听出了他的话外音，这是来要金子的，于是便把黄金还了回去。黄金失而复得，范大公子十分得意，可庄先生却不乐意了。

一来是他觉得自己被耍了。按照他的计划，救出范二公子后，黄金他本来就是要还回去的，可他自己还和别人要根本不是一回事。二是他一辈子正直清廉，就连楚王都佩服，可这个范大公子到处打点，弄得满城风雨，现在所有人都知道了，人家会怎么想。肯定是你庄先生也收了贿赂，才让楚王大赦天下的。

为了保全自己的名声，庄先生只好再次面见楚王说："我听说范家二公子犯了罪，也被关在牢里。他们家用黄金四处打点，想要把人救出来。现在坊间都在传，大王大赦天下不是为了抚恤百姓，而是为了把范家二公子放出去。"楚王听完大怒，立刻下令先处决范二公子，再大赦天下。

这是《史记》里记载的故事。范蠡之所以不让老大去，是因为老大从小跟着他一起经商，知道钱财来之不易，肯定舍不得丢下千金。老三从小过惯了奢侈的生活，花钱大手大脚，挥霍无度，放下钱就会直接离开。范蠡知道，这次送礼最重要的就是保密，不能让任何人知道，否则就会出大乱子。人在世界上，要么求名，要么求利，要么全都要。庄先生就是典型的求名。他住在穷街陋巷，正直清廉的名声路人皆知，所以格外爱惜羽毛，生怕别人说他贪财。范大公子四处打点，坏了规矩，庄先生为了保全名声，无奈之下只好借楚王的手杀了范二公子，以证明自己没有收受贿赂。范大公子这次送礼把自己送成了反面典型。

所以，送礼是门大学问，不可不知。

送礼的原则

挑选礼物时，核心原则就是“投其所好”，送别人喜欢的东西。

条件一般的亲戚朋友，能变现是最好的，这样更有实用价值。

送富亲戚和不缺钱的人，贵不贵不重要，诚意最要紧。因为这些人什么都不缺，也根本不在乎礼物的价钱，所以，挑选礼物时就要选人家感兴趣的。好书法的，就送笔墨纸砚；好游戏的，就送手柄光碟；好养生的，就送保健品。还有一个不会选错礼物的方法，就是送“稀有”的。当然，不是送“一百克拉的大钻石”之类的，而是市场上买不到的。比如自家种的水果蔬菜，亲戚家养的土鸡等。

去朋友家做客，尤其是多年不见的朋友，千万不要空着手去，最好能带上礼物，比如酒水，朋友管饭你管酒，礼尚往来。朋友家有老人的，带保健品过去准没错，有孩子的，可以买一些儿童用品或者玩具，但尽量不要买衣服、鞋子。一来不知道尺码，很难买到合身的，二来现在人对孩子都比较重视，“来源不明”的衣服不会轻易给孩子穿。

刚入职一家公司，想要和同事们搞好关系，奶茶、咖啡是最好的选择。如果觉得这些花费过大，超过了自己的消费能力，则小零食、家乡特产是最好的选择。

接下来说求人办事。第一个原则：选择礼物时，最好送有价值的东西，能变现是首要考虑条件。比如名烟名酒，外面最好用破袋子包一层，越破越好。你有没有发现，很多高档小区外的门面房，显眼的位置一般都是卖烟酒茶叶的。这些商店平时没什么生意，但就是屹立不倒，而且收入颇高，老板开的都是豪车。其实，这些商店最主要的生意不是卖东西，而是收东西。还有些服装店，衣服价格高得出奇，动辄几千。这些服装店都是会员制，买衣服的时候要报会员的名字，类似的还有字画店、古董店等。

第二个原则：平时勤跑腿，不要临时抱佛脚。平时多注意人情往来，逢年过节、红白喜事都是送礼的契机。很多领导，过年过节送礼的人多，谁送了他记不住，谁没送他记得清清楚楚。还有，日常交往时功利心不要太重，目的性不要太强，千万不要急于求成。有些人认为，送礼办事是一次性“投机”行为，我送了，你收了，就必须得给我办事。殊不知，人情往来是一项长期投资，没有平时的铺垫，你去送人家都不会收。平时遇到小事，能自己解决的就不要麻烦人家，也不要炫耀自己和某某的关系，这是招灾惹祸。一定要记住，你每开口一次，都是在消耗人情。有些关系，开一次口就算是结束了，一定要把“好钢”用在“刀刃”上。

第三个原则：守口如瓶，没有人喜欢嘴巴不严的人。送礼这事，除了自己和对方知道，千万不要让第三个人知道，任何人都不行。因为你无法保证对方的嘴巴也跟你一样严实。

守口如瓶的另一个含义是，不要透露礼物的价格。有的人送礼时，恨不得把礼物价格打上标签贴在上面。还有人会通过各种明示和暗示不断重复，生怕对方不知道。另外一部分人更“离谱”，走了之后还要打电话再说一遍：“这个可是我好不容易搞到的，花了好多‘达不溜’。”人家听了之后会非常反感，这种事代入一下就能想到。送礼时，如果不是“硬通货”，一定要把价钱往少了说，表明自己只是一点点心意，真正的好东西，人家一眼就能看出来，不需要一直强调。如果是“硬通货”，你不用说人家也知道。

第四个原则：求人办事，千万不要越级送礼。中国有句老话，叫“阎王好见，小鬼难缠”。你越级送礼，就算人家答应了，你的事还得压下去办，办事的人就算当下给你办了，心里也会不舒服，之后再办就困难了，人家有的是办法为难你。如果越级送礼，一定要记得给办事的人也准备一份，礼多人不怪。

第五个原则：千万不要觉得你只要送礼了，人家收下了，事就算是办成了，这是一种绑架，人家也会有心理压力。礼送出去了，你就当是丢了，不要频繁去问事情的进展，耐心等着，不行再换一家。还有很重要的一点，承诺人家事成之后的礼物，一定要第一时间兑现，一天都不要多等。

“礼尚往来。往而不来，非礼也；来而不往，亦非礼也。”无论你是否承认，我们生活的世界就是人情社会，礼尚往来不仅需要，而且必要，因为它代表的是人情，而不是交易。只讲等价交换，那是买卖。再有才的人，不懂礼也很难成事。

礼尚往来不仅仅是一种习惯、一种融入群体的态度，更是一种规矩，“无规矩不成方圆”，没有人喜欢跟不懂规矩的人打交道。

第七节

酒中不语真君子

《增广贤文》——饭局“一点通”

染指于鼎

春秋时期，楚国人送了郑灵公一只大甲鱼，郑灵公就安排厨子做成肉羹，让公子宋和公子子家来一起吃。两人在觐见的路上，公子宋的食指不由自主地跳动起来，他便对公子子家说：“看来大王这次是要给咱们吃好吃的了。”

见到郑灵公后，两人看到鼎里面煮着甲鱼，相视一笑。郑灵公觉得莫名其妙，问起缘由，公子子家就把路上的事说了一遍。郑灵公很不高兴，但当时并没有表现出来。甲鱼羹煮好后，又来了几个大臣，郑灵公便让厨子给每人分了一份，故意不给公子宋。

公子宋闹了个大红脸，尴尬至极，于是把心一横，直接走到煮甲鱼的大鼎前，把手指头伸进去在汤里蘸一蘸，又伸进嘴里尝了尝，扬长而去。当着这么多人的面，公子宋这个行为，跟打了郑灵公一巴掌没有区别。

当晚宴席结束后，公子子家担心公子宋的安危，便连夜跑到他家里说：

“今天这事你做得太鲁莽了，明天赶紧给大王赔个不是。”没想到公子宋也来劲了：“这事是大王不对，我是不可能服软的。”公子子家好说歹说，总算是说服了他。

第二天一大早，两人一起到郑灵公面前负荆请罪。没想到，公子宋不仅一点服软的意思都没有，还让郑灵公给自己道歉，态度十分傲慢。公子子家吓了一跳，连忙打圆场说：“公子宋已经吓糊涂了，大王千万不要怪罪他。”郑灵公冷笑一声说：“他可不怕我，我怕他还差不多。”说完拂袖而去，下定决心要杀了公子宋。

公子宋这时才一阵后怕，身为一国之主，郑灵公想杀他，就像捏死一只蚂蚁一样容易，而且这个人小肚鸡肠，一定不会放过他。他越想越怕，回家之后，就和公子子家商量要干掉郑灵公。

一听要做这种掉脑袋的事，公子子家死活也不同意。公子宋就威胁他说：“你要是不同意，我就告诉别人，这主意是你出的。”公子子家被逼无奈，只得答应了。这年夏天，郑灵公被杀，距离即位不到一年，公子宋终于报了甲鱼之仇。这就是“染指于鼎”的典故。

郑灵公不给公子宋甲鱼汤，是故意戏弄他，想要让这个“未卜先知”的人下不来台，不讲礼仪在先。公子宋不仅拒绝道歉，还伙同他人杀害主君，不讲“武德”在后。小小饭局，竟然酿成这样的“血案”，实在是不应该。

饭局指南

除了送礼之外，饭局也是生活中常见的人际交往场景。不懂规矩，轻则会被人认为无礼，重则会影响事业和前途。接下来，我们就来讲一讲“中国式饭局”都有哪些实用规则。

首先是座次。饭局中以右为尊（车里面的座次也一样），居中为上，以离房门远为上。所以，在一般的餐厅包厢中，最尊贵的位置就是正对大门的那个座位。如果是大型宴会，宴会厅有很多桌子，则面东一侧的右席为尊，也就是上位，一般要留给级别最高的人或者最重要的客人。主人和重要的陪客坐在客人的左右两边。

宴会开始前，主人要在门口迎接客人，将客人引导至主位落座。如果你是刚入职的员工或者级别比较低，就主动坐到门口的位置，方便传菜。客人到来后，要第一时间站起来迎客，客人落座后也不要说话，不要张罗着敬酒，看人家敬酒就行。

点菜时，一定要让客人先点，如果客人坚持要“客随主便”，那就让服务员多拿几个菜单，让其他客人一起点。如果客人都不点，在点菜之前，一定要把在场的所有人都照顾到，问一问有没有忌口，有没有忌讳（比如有人不吃猪肉，有人不吃香菜等）。如果有，一定要给服务员说清楚。点完菜之后，还要拿给重要的客人过目，虽然一般客人都不会说什么，但这是对客人的基本尊重。

有时候，重要的客人会来得比较晚，这时候要先点上几个凉菜，不要让桌子空着，这样客人一来就有吃的。点菜的数量一般是偶数，以人数为准，一般有几个人就点几个菜。还需要注意的是，菜的种类一定要有鱼、汤、凉菜、热菜、硬菜、点心，如果客人是外地来的，要尽量多点一些本地的特色。新菜上来之后，客人不动筷，主人也不能动筷，这是基本的礼节。如果客人坚持不第一个动筷怎么办？这时，可以用公筷来分菜，按照身份依次分给客人。

其次是喝酒。酒文化在中国非常重要，里面的讲究也很多，现在虽然已经简化了不少，但依然有很多规矩。一是酒的选择。市面上的酒不说品牌，光是香型就分浓香、酱香、兼香、清香、凤香等十几种，准备酒时，最好根据客人喜好来准备。如果不知道客人喜欢什么，就根据他的家乡来选。比如，山西人一般喜欢喝清香型，四川人一般喜欢喝浓香型，贵州人则喜欢酱香型。如果实在搞不清楚，就准备市面上的名牌白酒。

一般宴会，准备好的酒一定要当着客人的面打开，以证明完好无损。如果请的人身份比较敏感，就要先把酒打开，灌进普通的水瓶里，人家一喝就知道好坏。倒酒时，按照身份的重要性，顺时针倒，最后给自己倒。自己的酒一定要比客人的多。如果你是客人，主人给你倒酒，你就应该举起杯子或站起来，以表敬意。

如果你喝不了酒，就要提前告诉别人喝不了的理由，如身体不适、酒精过敏，但是要以茶代酒。如果“酒品”不好，喝完酒喜欢“耍酒疯”“说胡话”，也要告诉别人你喝不了，不然不仅事办不成，还会起反作用。就算能喝，也要喝到半酣为宜。大部分人在喝酒之后话都会变得又多又密，因为酒精可以抑制大脑中的控制机制，导致人们在喝酒后更容易放松和表

感谢您这么多年对我的提携和关爱，祝您身体健康，长命百岁。
李总，我是咱们销售部的小王，今天很荣幸能跟您一起喝酒，我干了，您随意。
饭要吃好，酒要喝少，只要感情深，不喝情也真。我干了，您多吃点
李总，感谢您的大驾光临，如果有招待不周的地方，还请海涵。

达自己。这时候，其实是你拉近关系、增进情谊的好时机，千万不要自己也跟着醉了。清代王有光有一副很出名的楹联："酒中不语真君子，财上分明大丈夫。"酒后失态、失言是一件十分严重的事。

最后就是敬酒。宴席开始时，不要贸然去敬酒，而是要等大家吃点东西，肚子里有"存货"之后再敬。敬酒时，主人要站起身，右手举起酒杯，左手托住杯底，眼睛看着要敬的人，说些祝福的话。

敬酒也讲究顺序，一般按照职位高低的职场规则来依次敬酒，不要越级，也不要落下一个人。如果酒桌上有自己人，要按照先外后内的顺序。如果职位相同，就按照年龄顺序；如果年龄相仿，就按先女后男。

"酒过三巡"，接下来是发言环节，一般是领导或主要客人发言。再之后就是自由敬酒环节，酒桌上的人相互介绍，相互认识，有人提议一起干杯时，一定要站起身来，以示尊重。即使不喝酒，也要在杯子里倒上饮料或开水做做样子。

等大家都喝得差不多了，要准备一些解酒的东西，如酸奶、茶水、果蔬汁等，一般餐厅都有，再准备一些热毛巾。喝多的人要去卫生间，最好能陪着去，防止出现意外。酒宴散场后，要把每一位客人都送走，说一些感谢的话，确认所有人都安全离开。

嘲王历阳

唐代李白是个嗜酒如命的人，一次在历阳县喝酒，看到当地的县丞不肯喝酒，就专门写了一首诗来嘲讽他：

地白风色寒，雪花大如手。

笑杀陶渊明，不饮杯中酒。

浪抚一张琴，虚栽五株柳。

空负头上巾，吾于尔何有？

大意是说，可笑你一副陶渊明的做派，却不肯喝杯中酒，浪费了一张琴，白栽了五株柳。这里的琴指的是陶渊明的无弦琴，柳是陶渊明家旁边的五棵柳树。“头上巾”指的是陶渊明经常用头巾过滤酒，之后再戴回去。

讲这个故事是想说，如果你真的喝不了酒，就少参加酒局，更不要组织类似的活动，千万不要因为好热闹，上赶着去。实在避不开，也要表现得坚决一些，千万不要成了李白口中的“王历阳”。

从杜康在树洞中发现第一滴酒开始，酒文化就在中国生根发芽，逐渐成了一种人际交往的方式，并衍生出了专门的礼仪、书法、音乐、诗词、酒令等与酒有关的元素。人们之所以热衷于喝酒，在酒桌上谈事，是因为酒精可以麻痹神经，放松警惕，从而有利于人们在减少理性的基础上增进感情，说出内心的想法。

其实不仅是中国，大部分国家都有酒文化。比如起源于古希腊、历史悠久的“酒神节”。尼采在《悲剧的诞生》中写道：“在狄奥尼索斯的酒神颂歌（Dithyrambus）中，人受到刺激，把自己的象征能力提高到极致；某种从未有过的感受急于发泄出来，那就是摩耶面纱的消灭，作为种类之神，甚至自然之神的一元性（das Einssein）。”

在尼采的哲学中，酒神代表着超越理性、规范和秩序的力量，是对生命深层力量的肯定和追求。酒神的精神体现了直觉、感性和情感的丰富性，强调个体的存在和表达。阿波罗则象征着对于现实世界的表象和理性的追求，是一种对于客观知识和美学价值的追求。阿波罗的精神体现了理性、规范和秩序的重要性，强调知识的稳定和审美的形式。

酒神和阿波罗是人性的两个侧面，缺一不可。“拒绝酒桌文化”是现在讨论度很高的一个话题，对于传统酒桌文化，很多年轻人是非常排斥的。他们更喜欢约上三五好友，用啤酒或者低度酒、果味酒代替白酒，去掉冗杂的规则，开开心心地聚在一起。

我想，传统酒桌文化之所以“不受待见”，最关键的地方，一是规矩太多，有很高的学习成本；二是年轻人喝不惯白酒；三是不自由，很多时候都要被迫喝酒，由不得你拒绝。你看，那位姓王的县丞不想喝酒，李白还专门写诗嘲讽他，这不就是借着自己的身份“霸凌”人家吗？这种方式我也不喜欢，所以很少参加，也不劝酒。但是，人在屋檐下，很多时候都是身不由己，因为规则比人大，形势比人强。每一次拒绝都是有代价的，有的人可以承受，有的人承受不起，关键是看你怎么选择。

第四章

告别脆弱，是成事的必要条件

第一节

一阖一辟谓之变，往来不穷谓之通

《易传》——应对“黑天鹅”

黑天鹅

最近一次参加高中同学聚会，地点是一家新开的餐厅。班里有五十多号人，当时只去了十几个人。不用说，能来的基本都是混得不错的。有的在当地是公务员，有的当了小老板，还有的在北上广深这些一线城市工作，收入颇丰。来参加聚会的，目的不外乎有三：一是为了吹牛，展现自己的实力；二是为了看看哪位同学有资源，能不能在工作上帮帮忙；三是为了联络感情。

五年多没见，大家讨论最多、感慨最多的话题，就是房价跌了。一位同学家里条件好，在北京工作，当时环京房价疯涨，他也“上车”了。喝酒“上头”之后，他开始给我们介绍当时的行情。

“你们不知道呀，当时那个房价，跟坐了火箭一样噌噌往上涨，今天还是 10000，明天就干到 20000 了。那些买房的生怕抢不到，半夜都搬着板凳坐在中介门口排队，通宵排呀，那场面，老壮观了！ 2016 年，燕郊房价最高的时候你们知道有多少吗？”他夹起一片牛肉，抖搂抖搂上面的香菜叶子塞进嘴里，环视一周，挑着眉间，看样子是想给我们这些“下里巴人”一点小小的“京爷”震撼。我们很配合地摇头，他拍了一下桌子说：“三万五！那些干房产中介的，根本就不用带客户看房，直接就被抢光了，一个月到手好几十万，好几十万呀！”他咬牙切齿，只恨自己当时没有“分一杯羹”。我们大呼惊讶，他话锋一转又问：“你们知道现在多少钱吗？八千多，八千多呀！老子这些年白干了！”他也是高位“接盘侠”，不算银行利息亏了二百多万。

这几十年的“大增长”时代，使所有人对未来都有一种习惯性的乐观，坚信房价一定会涨，工资也一定会涨。每天讨论的问题，都是某某财富自由啦，某某又赚了多少钱，谁家换了新车，谁家有几套房。上一代很多人依靠买房实现了财富自由，而拥有房产的数量，一度成为财富的象征。大部分人有闲钱时，都会选择投资房产和商铺，人们从没有想过，有一天房价会下跌，而且来得这么突然，毫无征兆。

美国知名作家、纽约大学教授纳西姆·尼古拉斯·塔勒布在《黑天鹅》中写道：“在发现澳大利亚黑天鹅之前，所有的欧洲人都确信天鹅全部是白色的。这是一个牢不可破的信念，因为它似乎在人们的经验中得到了完全的证实。”然而，当人们在澳大利亚发现第一只黑天鹅后，原本的经验变得脆弱无比，“它说明我们通过观察或经验获得的知识具有严重的局限性和脆弱性。仅仅一次观察就可以颠覆人们上千年来对白天鹅的数百万次确定性观察所得出的结论”。

这种颠覆认知的事件，被称为“黑天鹅事件”。它满足三个特点：

- **极度罕见性：**“黑天鹅事件”极为罕见，常常被认为是极端事件或异常情况。这些事件的发生概率极低，通常不符合正态分布的预期。因此，人们很难在事前预测或估计这些事件发生的可能性。

- **具有巨大影响：**虽然黑天鹅事件发生的概率很低，但一旦发生，其影响通常是巨大而深远的。这些事件可能对经济、社会、科技或政治等领域产生重大影响，改变现有的格局和人们的认知。

- **事后识别性：**黑天鹅事件往往在发生后才能被识别和理解。事前，由于其罕见性和难以预测性，人们很难意识到这些事件的可能性或潜在影响。只有在事件发生后，人们才能通过回顾和分析，认识到其重要性和独特性。

显然，房价下跌不仅是对于我这位同学，而且对于大部分人来说都是名副其实的“黑天鹅事件”，同样的还有新冠疫情全球大流行，而这类事件是无法预防的。

脆弱的人类

对于“黑天鹅”人们无法提前知晓，无法预防，究其原因是我们对世界的认知是有限的，因此，我们的经验也是脆弱的，建立在经验之上的制度更是如此。人类总是希望自己能够掌控一切，能够获得预知能力，去规避风险，获得收益。随着知识的增长，人们的这种自信逐渐增强，进而转变为自大。

《黑天鹅》中提到了一个很有趣的实验：在一个挤满人的屋子中，随机挑选一个数字，这个数字可以代表任何东西，比如纣王有几个“老婆”，赵云在长坂坡杀死多少魏军，诸葛亮有几根头发，甚至“俄国女皇凯瑟琳二世的情人数量”等。接着，让屋子里的每一个人为自己选择的可能性事件估计一个数字范围，并且必须确定自己估计的这一数量有 98% 的可能是正确的。

是不是有点儿绕？我们举例来说明一下。比如我也在这个屋子里，选择估计“赵云在长坂坡杀死多少魏军”，然后确定一个“1000—2000”的范围，并且确定我这个数字有 98% 的概率是正确的。

这个实验的目的，是让人们“对自己的知识作出评价”。最终结果显示，错误率非常高，接近 45%。在某些极端情况下，错误率甚至高达 100%。这个实验证明，人是很容易盲目自信的，尤其是在预测时。“认知自大有双重影响：我们高估自己的知识，低估不确定性（也就是低估未知事物的范围）。”

不仅如此，人类创造的很多经济学原理，在预测经济走势时也会经常出错。更加让人遗憾的是，从凯恩斯时代到新古典经济学，再到美联储的“新货币共识”，全球市场经历了数次大型经济危机，但经济学家们从来没有成功预测到它们的到来。

站在经济学的角度来说，经济系统是极其复杂和动态变化的，受多种因素影响，包括政治、社会、技术、自然灾害等。这些因素相互作用，导致经济现象的出现和演变具有高度不确定性。经济学家难以准确预测未来的变化，因为他们无法掌握所有相关因素，并且这些因素之间的关系可能是非线性的。而经济学模型通常会对现实进行简化和抽象，以便进行分析和预测。然而，这些简化假设往往会忽略真实世界的复杂性和多样性，导致模型的预测能力有限。例如，经济学模型可能假设市场参与者都是理性的、信息完全透明的，而现实中却存在着各种行为偏差和信息不对称。

站在人性的角度来说，经济系统涉及人类行为，而人类行为具有多样性、不确定性和非理性。市场参与者的情绪、偏好、心理和社会因素都会影响经济活动，而这些因素很难通过传统的经济学模型来准确捕捉和预测。

所以，黑天鹅事件几乎是无法预测，更无法干预的，而且会影响我们每一个人的生活。市场经济中，没有人能够独善其身，当系统性风险来临时，无论先从哪个行业开始，都会迅速波及、蔓延到其他行业。那么，面对未知的黑天鹅事件，我们能够做些什么呢？

反脆弱

《黑天鹅》写成于 2008 年，当时金融危机席卷全球，这本书可以说占尽了天时、地利、人和，在全球销量迅速突破 300 万册，“黑天鹅效应”也成了人们讨论度最高的话题。在之后的几年中，塔勒布一直在思考，既然黑天鹅事件无法预测，无法预防，无法干预，那我们应该怎么办呢？

经过持续不断地观察、实践、总结、演讲、考察，2012 年，塔勒布终于有了答案，并在《反脆弱：从不确定性中获益》一书中完整地阐述了自己的观点。在本书中，塔勒布将所有的事物分为三类：脆弱类、强韧类、反脆弱类。

脆弱的事物是指那些对不确定性和冲击极其敏感、容易受到损害或破坏的系统或实体，如银行、股市等。每一次的经济危机，几乎都是从银行和股市开始，然后迅速蔓延的。因为它们属于金融系统的一部分，承担了经济体系中的重要角色。由于金融市场的复杂性和高度互联性，银行和股市对于经济的波动和危机特别敏感。

强韧的事物则更能够抵御外部冲击和变化，具有一定程度的稳健性和适应能力，比如业务多样化的大型公司。强韧的大型公司通常具有多样化的业务组合，这使得它们能够在某些业务面临挑战时依靠其他业务来稳定业绩和收入。大型公司通常拥有丰富的资源和资本，这使得它们能够应对市场变化和外部冲击。它们有更强大的资金实力和更广泛的业务网络，能够承受一定程度的经济波动和风险。不过，业务单一的可就不一定了，比如诺基亚、摩托罗拉。简单来说，就是“鸡蛋不要放进一个篮子里”。

除了大型公司外，小商小贩也有很高的强韧性。因为他们具有灵活的经营模式，能够迅速调整业务策略和产品组合以适应市场需求的变化。他们可以快速做出反应，根据市场反馈调整销售策略或产品种类，从而保持业务的稳定和发展。相比大型公司，小商小贩通常具有较低的运营成本和灵活的资金运作方式。他们会适时采取节约成本的措施，减少固定支出，从而在市场波动时更容易应对风险和挑战。简单来说，就是“船小好掉头”。

反脆弱的事物是指那些从不确定性、混乱和压力中获益，逐渐变得更加强大和有活力的系统或实体。最典型的就是生物系统。生物在面对环境变化和压力时，会产生适应性变化和进化，从而更好地适应新的生态条件。自然选择使得物种能够在竞争激烈和多变的环境中生存下来，并且逐渐进化出更强壮的特征。比如人体的免疫系统。免疫系统在面对各种病原体和外部压力时，会产生适应性和增强性的反应，从而不断提高抵抗力。通过暴露于病原体或疫苗，免疫系统可以学习并逐渐形成对抗这些病原体的防御机制，帮助人体更好地应对未来的威胁。

《易经》共六十四卦，这些卦之间相互沟通，相互转换，“两两相偶，非反即覆”，形成一个完整的大循环，这正是《易经》的核心原则——变易。“一阖一辟谓之变，往来不穷谓之通。”宇宙中唯一不变的东西就是变化。大到宇宙星辰，小到我们肉眼看不到的分子微尘，没有一刻不处于变化之中。既然变化是永恒的，那我们就要适应，增强自己适应变化的能力，去应对“黑天鹅”的突袭。

下面，我们来总结一下反脆弱的几个要点：

第一，增强应对风险的能力和复原能力，在受到重创后能够迅速恢复；

第二，增强韧性，能够在压力下逆流而上；

第三，有着强大的适应性，能够及时调整策略，应对新环境。

这就是我们接下来要讨论的问题。

第二节

宜未雨而绸缪，毋临渴而掘井

《朱子家训》——增强抗风险能力

超前消费

我在网上和生活中经常能听到和看到这样的讨论：我刚毕业不久，月薪 7000，要不要贷款买一辆 20 万的车？每个月只需要还 4000 多元。

支持的人认为，年轻就应该享受生活，而且不需要养家，每个月还 4000 元，剩下的工资怎么都够花了。实在不行，还能分 5 年还，压力更小。年轻的时候不享受，等结婚有了孩子就没机会享受了。

反对的人认为，20 万的车，那是多少人奋斗好多年才能开上的，还有好多人一辈子都买不起。刚毕业，没有必要为了虚荣心买这么贵的车。每个月看似还款压力不大，但吃吃喝喝，再交电话费和房租，偶尔有个头疼脑热，剩下的那 2000 多根本就不够用。更重要的是，一旦背上贷款，整个人的心态就变了。为了按时还款，只能想尽办法保住工作，不敢去尝试和冒险，年轻人正是敢打敢拼的时候，被一辆车“绑”住，实在太可惜了。再说了，万一丢了工作，还不起贷款，车被远程锁定，那就太尴尬了。

其实，这位年轻人的想法十分普遍，甚至普遍到了遍地开花的程度。2021 年发布的《当代青年消费报告》显示，全国有 1.75 亿名 90 后，其中只有 13.4% 的年轻人没有负债，其余 86.6% 的 90 后都接触过信贷产品。另一项报告显示，互联网分期消费产品使用率高达 60.9%（信用卡为 45.5%）。还有一项数字则更加触目惊心，根据中国执行信息公开网信息，截至 2024 年 4 月，我国失信被执行人数量已经高达 832 万人，网贷逾期人数则更加夸张。

互联网的尽头是金融，流量的尽头是放贷。现在借钱实在是太方便了，打开手机上的任意一款 APP，几乎都能找到贷款和分期消费的页面。除了购物平台，甚至连娱乐、旅游、记录生理期的软件都加入了放贷大军。互联网公司借着流量优势，将“手”直接伸向用户，触达到每一个使用软件的消费者，用随处可见的“洗脑”广告不断提醒你：我这里能借给你很多钱，只需要简单几步，就能直接打到你银行卡里。你不是想换手机，想买包包，想出去旅游吗？快来借吧，每个月只需要还一点点，你就能拥有它们了。在不断的诱惑之下，你终于点开了借款界面。几分钟后，随着“叮”的一声，钱就打到了你的银行卡上。

你一开始想得很简单，自己每个月工资 5000，还 1000，还剩 4000，轻轻松松。几天后，你又在短视频平台刷到了一款心仪产品，你只是多看了几分钟，就被大数据“抓住了”。接下来，这款产品不断出现在你的手机屏幕上，除了产品广告外，还有网红博主给出的“买它的十个理由”。于是，你再也克制不住自己的购买欲，告诉自己：只要 3000，还能 24 期免息，这跟不要钱有什么区别？买！就这样，不知不觉中，你的债务又扩大了。这样的消费行为重复一年，忽然有一天，你发现自己的工资光是还贷款都不够了。于是，你开始“拆东墙补西墙”，在几个贷款APP和信用卡之间辗转腾挪。你认为，只要一直这样“拆东墙补西墙”，就可以维持下去。

可是你没有想到，这些贷款的利息高得离谱，随着你在几个APP之间来回倒腾，你的债务总量也像坐了火箭一样噌噌增加。另外，你已经养成了超前消费的习惯，还会分期购物。到最后，债务的窟窿你终于堵不住了。你痛定思痛，拿出计算器仔细算了一下，当初你以为的“每个月还1000”，已经累积到几十万了。你想不通，根本想不通，债务怎么会在不知不觉中变得这么多？道理其实很简单，因为超前消费是成瘾的。

在点开APP借款的当下，你不需要付出任何努力，就能轻而易举地获得金钱，人性的贪婪，让你无法拒绝这种通过刺激产生大量多巴胺而获得的快感。而对于未来的还款计划，你又有一种过度乐观的心理偏差，认为这点钱不算什么，于是越陷越深，直到最后深陷绝望，无法自拔。

杠杆

与超前消费相对应的，是盲目地增加投资杠杆。互联网上流传着一种说法，叫“中年破产三件套”——房贷（债务）、配偶不上班、孩子上贵族学校。

在经济学中，杠杆通常指的是通过借债来进行投资或消费，以期望获取更大的回报或享受的行为。生活中，我们最常见的杠杆行为，包括贷款投资房产、炒股、投资期货、投资贵重金属等。

增加投资杠杆和超前消费在本质上是有区别的，一个以营利为目的，一个以消费为目的。举个例子来说，大多数的农村自建房只有消费属性，因为无法在市场流通，也就没有商品属性。而城市中的房产则具有投资属性，因为可以用来交易。

但是，投资杠杆会受到经济形势的影响。比如我们前文中所说的，很多人投资房产血本无归。前几年股票市场好的时候，我有个表弟拿了五万块钱炒股，一次吃饭时他跟我说："今天买入明天卖出，运气好一天就能赚几千块钱。"当时他非常热情地邀请我加入炒股大军，怎奈我囊中羞涩，剩下的一点钱还要生活，不敢冒险，只能拒绝了。表弟在股市上尝到了甜头，到处借钱，凑了五十万一起投进股市，不久竟然被套牢了，直到现在都没有还清。

我这位表弟的情况绝不是个例，我有个堂妹也是类似的情况。疫情前看电影市场火热，就四处借钱和另外几个人投资了一家小电影院，不久疫情席卷而来，电影院还没怎么运营就倒闭了。

人最大的弱点是什么？王阳明说："破山中贼易，破心中贼难。"这里所说的"心中贼"就是贪婪。中国有句古话："贪即是贫。"从某个角度来看，无论超前消费还是增加投资杠杆，和赌博其实没什么区别，本质都是想不劳而获，用当下的形势来赌未来的收益。赌自己工资会涨，生活稳定；赌自己投资眼光好，经济会一直增长下去。

西方有一句谚语：人类一思考，上帝就发笑。“上帝”为什么会发笑？因为很多人对于这个世界的随机性一无所知，当“黑天鹅”来临时，一切建立在经验和逻辑之上的体系都会变得无比脆弱。《道德经》中说：“天地不仁，以万物为刍狗。”意思是上天对人类并没有什么特别的仁慈，他平等地把宇宙中的一切都当成刍狗看待。

总之，超前消费与增加投资杠杆，都是增加“脆弱性”的典型行为，也是现在最常见的行为之一。要对抗“黑天鹅”，就要减少脆弱性，增加自己抵抗风险的能力。对于我们普通人来说，一是要攒钱，减少不必要的开支，避免冲动购物和超前消费行为，不盲目投资；二是购买医疗及其他保险，避免意外带来的损害。

关于攒钱，有件事我印象特别深刻。去年办公室招了个应届生，姓陈，高高瘦瘦，看上去很腼腆，平时也不怎么说话，只闷头做自己的事，穿得很朴素，也不买咖啡、奶茶之类的东西，衣服都洗得发白了，看上去家里条件不算太好。直到后来有一次公司组织团建，小陈把自己的奥迪车开来，我们才知道人家是“隐形富哥”。再后来慢慢熟悉了，小陈才跟我们讲，他父母都是做小生意起家的，准确地说是“倒爷”，什么赚钱就倒卖什么。他们家最重要的教育理念就是：钱一定要花在刀刃上，一是为了抗风险，因为手上要压货；二是行情不稳定，价格低的时候必须果断出手，这也要很多钱。所以，他们家历来就有攒钱的习惯，也不会乱花钱。

“那奥迪呢？”我问他。小陈挠挠头腼腆一笑；“我爸说，这车是为了娶媳妇。”好吧，也算是用在“刀刃”上了。

我们来做个简单的总结。首先，攒钱是为了提高抗风险能力，能够抵御“黑天鹅”事件。同时，手里有启动资金，可以在遭受打击之后迅速恢复元气，日后有合适的机会时可以第一时间抓住。

豆瓣上有个“丧心病狂攒钱小组”，成员多达 62 万人。大家会在帖子中分享各种各样的攒钱技巧，如化妆品能用小样绝对不买套装，能带饭绝对不点外卖，食品只买临期的，每天下班之后，等到九点去超市买半价商品，生活用品都选最便宜的，穿旧的衣服做成拖把，甚至连洗洁精都能找到“平替”。

有人可能会问，这一定是因为收入不高吧？还真不是。组里还有一对 32 岁的小夫妻，硬生生“抠”出了两辆车、一套房，近百万存款。还有一位“大神”，居然有上千万存款，引得众人纷纷点赞跟帖。

《断舍离》中说：“放手一个无用之物，就腾出一点空间。处理一件多余之物，就减少一份负担。减少一次浪费，就恢复一分精气神。然后，翻开人生新篇章。”毫无疑问，我们生活在一个物质“全面过剩”的时代。生活中有太多诱惑，资本披着各种炫目的外衣，为了获得更多利润，帮我们凭空“创造”了很多需求，通过互联网把手“伸进”我们的口袋，通过各种方式让我们消费，甚至为我们量身打造了一堆，堪称“毒鸡汤”的消费主义理论。

对于我们这些普通人来说，获取收益的途径十分有限，大部分只能靠固定工资和少得可怜的理财收益，对于我们来说，钱就是省出来的。远离消费陷阱，减少不必要的开支，才是我们在这个世界立足的底气。

《朱子家训》中说：“宜未雨而绸缪，毋临渴而掘井。”千万不要等到用钱的时候，才发现自己口袋空空。

第三节

中也者，天下之大本也

《中庸》——如无必要，勿增实体

活下来比什么都重要

1994 年，马云和朋友在杭州注册了一家翻译机构，取名海博翻译社。这个名字是英语 hope 的谐音，代表着希望。这一年，马云三十岁，正是意气风发的年纪。当时，他还是杭州电子科技大学的老师，校长对他许诺，日后一定会让他成为学校驻外办事处的主任。

从这一天开始，马云就利用业余时间开始“折腾”，到处找人寻找商机。然而，一个月后，翻译社只赚到了 700 块钱，还不够交房租。后来马云总结了这次创业中的教训，他说：“（我）犯的第一个错误呢，我去租了个房子，我觉得这个市场一定很大，我觉得未来杭州要开放，要讲开放，所以我觉得这个市场大得不得了。”据《马云传》中的说法，当时这个房子租金每个月要 2000 块钱，几乎是翻译社收入的三倍。租房的钱，还是他借来的。

那个时候，马云一个月的工资才 120 块钱，加上去夜校上课和各种补贴，到手也不过 200 块钱。后来实在没办法，马云只好用房子的另一半开了一家花店，卖鲜花和小商品。为了降低成本，这些小商品都是他扛着麻袋，利用业余时间到义乌和广州的海珠广场批发回来的。为了省钱，他专门挑周末票价便宜的时候。结果这一年，小商品生意非常好，但摊下来还是不赚钱。

很多人都劝马云放弃，可他偏不信邪，坚信只要熬过去，未来一定会一片光明。后来的事实证明，他的确做到了。除了卖小商品外，马云又给自己增加了很多业务，比如卖药品和医疗器械。那几年，他遭受了无数“白眼”，很多人都不理解，一个好好的大学老师，为什么“自甘堕落”，甘愿成为“倒爷”？

就这样坚持了三年，在无数的质疑声中，1995 年，翻译社终于步入正轨，实现了盈利。现在这家翻译社还在，其官网主页上还有马云手写的“永不放弃”。

这次创业，让刚走出“象牙塔”的马云意识到了商场的残酷，也让他懂得了一个道理：“创业公司，活下来比什么都重要。”

第二次创业，马云找来了 24 个人，这些人很多都是他在夜校认识的朋友。当时的他，只有一台从美国带回来的笔记本电脑。等人员全部到齐之后，马云宣布了自己的下一个目标：“我准备辞职做这个企业，这个企业叫作 internet！”

当时的互联网，在中国乃至世界上都还是一个新兴产业，24 个人中大部分都持反对意见。大家一致认为，互联网大家都不了解，不如做更保险的生意。可马云最终还是决定创办一家互联网公司。他拿出所有的 6000 元家当，卖掉翻译社的旧家具，又向亲戚朋友借了几万块钱，最终一共筹到 10 万元启动资金，与何一冰等人一起，成立了浙江海博网络技术有限公司。不久，中国有史以来第一家真正意义上的商业网站——中国黄页诞生了。

这次创业马云虽然“学乖”了，没有租大办公室，但情况也一样“凄惨”，因为互联网在当时根本没有人知道，也没有人相信，最困难的时候，公司账上只有 200 块钱。好在皇天不负有心人，马云最终取得了无与伦比、足以载入中国商业史的成功。但是，在我们看不到的地方，更多的创业公司却无声地倒闭了。

这一次，马云得到的教训是：“上来就要有盈利的项目，而不是凭借一腔热血瞎干。”

创业是一件很难的事

前几年“大众创业、万众创新”，我认识的很多人都辞去工作，选择“下海”经商，希望能够在商场一展拳脚，实现财富自由。这些人有成功的，但失败的占多数，这些失败的人有三个共同点。

第一，一心求大、求新、求正规。创业之前，一定要先租一间气派的办公室，最好能有一个隔间，上面贴上“总经理室”。再置办若干套新电脑、新办公桌，花多少钱都愿意。我问过一个朋友为什么要这样，他的回答是：

“公司一定要显得正规，不然谁给你上班？”这个理由乍听很有道理，但是禁不起细琢磨。员工选择企业，办公环境是一方面，但更重要的还是工资，这才是最实在的。再气派的办公室，再好的办公环境，就算加上茶水间、零食区，也掩盖不住工资三千的凄凉。

第二，没有明确目标。在创立公司之前，根本没有想好自己要做什么，或者只有一个很模糊的概念，没有经过市场调研，只凭着一腔热血。比如，我有个同学老家产水果，一年四季都有，他就想着搞一个电商公司，专门在各大平台卖水果。租好办公室，雇好员工，注册完店铺，商品上架之后，他傻眼了。一天有时候连一单都开不了，好不容易开一单，人家随便从网上找个烂水果的图片给客服发过去，直接“仅退款”成功。“说多了都是泪，当时根本想不到，电商里面有这么多弯弯绕绕。”没做几个月，这位同学的公司就“光荣倒闭”了。二手平台上又多了几台“女生自用”的电脑。

第三，不懂管理。创业时，管人是最难的。因为人就有自己的想法，有自己的规划，有自己的脾气和情绪。人越多，问题就越多，越容易造成冲突。尤其是初创公司，业务流程还没有固定，规章制度也没有成型，最容易出现这种情况。我有个朋友，前几年开了家传媒公司，让我在里面做培训工作。当时公司刚接了个视频业务，一部分自己做，一部分包给学生做，朋友任命了一个员工和甲方对接，算是主管。因为是新业务，所以又招了几个新员工，其中有一个是应届毕业生，很自命不凡。

一次，新员工和主管在办公室吵了起来。新员工的意思是，按照他的建议，能显著提高视频质量。主管不同意，因为这样会显著降低效率，减少产量。两人越吵越凶，差点就要动手了。这时，朋友从自己的小隔间走出来说："我觉得某某（新员工）的提议很好，就按他说的办。"第二天主管就不干了。

这就是典型的不懂管理。朋友想要给自己树立一个"善于听取意见"的形象，但却犯了职场大忌。作为管理者，在众目睽睽之下，一定要无条件支持主管，就算员工说得再对也不能认，之后再私下去改进，否则主管的工作就没法做了。而且，解决冲突一定不能在办公室，必须避开员工。

反观那些创业成功的人，中心思想只有一个——将就。能在自己家里坚决不租房，能租"老破小"坚决不租写字楼，电脑能用二手坚决不买新的，办公用品也是一样。自己能干的活绝对不雇人干，能雇兼职绝对不雇全职，雇一个人能干的活绝对不雇两个人。总之，就是开源节流，能省的地方坚决不花一分钱，把自己当"牛马"使。

另一个关键的地方，就是先有业务，再拉团队，创业是个顺水推舟的过程。在创业之前，一定是在某个行业摸爬滚打多年，有固定的业务和客户，知道行业的内部规则，有稳定的赢利方式，一个人实在忙不过来了，或者有了新的业务，才会扩大团队来辅助自己去做。一步一个脚印，踏踏实实往前走。

总的来说，创业是一件非常、非常、非常（重要的事情说三遍）艰难的事，严格遵守"二八定律"，我见过的绝大多数创业者都"死"得非常惨。如果连班都上不好，千万不要轻易尝试创业。

如无必要，勿增实体

14 世纪，英格兰的逻辑学家、圣方济各会修士威廉 · 奥卡姆（William Ockham）提出了“简单有效原理”，即奥卡姆剃刀原理。简单来说，就是不要把简单的问题复杂化。在面对有多种可能解释某一现象的情况下，应该优先选择最简单、最直接的解释。简单的解释通常更具有可验证性和实用性，而不需要引入额外的假设或复杂性。

我们举例来说。假设一个人经常感到疲倦、头痛和食欲不振，这些症状有多种可能的解释。

简单解释：这些症状可能是这个人缺乏睡眠、饮食不健康或者工作压力过大导致的。这些解释比较直接，不需要引入复杂的疾病或医学诊断。

复杂解释：这些症状是某种罕见疾病的迹象，或者是由潜在的生理问题导致的。这种解释需要进行更多的医学检查和诊断，可能引入额外的假设和复杂性。

根据奥卡姆剃刀原理，医生可能会首先考虑简单的解释。例如，他们会询问这个人的生活方式、饮食习惯和工作压力，以确定这些因素是否与症状有关。如果症状可以通过改变生活方式或减轻压力来缓解，那么就可以暂时排除更复杂的医学解释。

一句话，奥卡姆剃刀原理的核心就是——“如无必要，勿增实体”。

这里的“实体”并不是我们平时所说的实物，而是假设、解释或理论中的额外元素或复杂性。这个原则，在职场、生活和创业过程中也同样适用。我们上面所说的创业中的各种问题，正是这一原则的体现。在职场和创业中，这个原则可以帮助我们集中精力解决问题的核心，而不是被不必要的细节或复杂性所困扰。

比如，老子说：“治大国若烹小鲜。”意思是治理国家就像烹饪小菜一样，调料和火候都要恰到好处。治理国家和企业时，不要过多干涉就是最好的管理方法。汉朝初期民生凋敝，统治者采用道家的黄老之术治国，“上无苛令，官无烦治”，避免国家政策打扰百姓的生产和生活。到汉景帝统治后期，出现了“京师之钱累巨万，贯朽而不可校；太仓之粟陈陈相因，充溢露积于外，至腐败不可食”的盛世景象。唐代初期也是一样。

为什么采用道家思想治国能够迅速恢复国力？因为根据奥卡姆剃刀原理，简化和减少政府对民生和经济的干预，能够达到最简单、直接的治理效果。相比之下，过度复杂的政府管理和过度干预往往会导致烦琐的官僚体系、庞大的开支和资源浪费，陷入“治理愈多，国力愈衰”的困境。

例如宋朝，赵匡胤认为，唐朝之所以灭亡，就是因为中央弱，地方强，节度使权力过大，于是设计了一套复杂的官僚体系和军政体系，在三省之下又设立三司、三衙、枢密院、御史台、九寺、六监等众多机构。在地方州、府、军、监之外又设立路，设置帅司、漕司、宪司、仓司等众多官员，将强兵强将全都调到中央，留下老弱病残，军官还要轮流更戍。最终造成官僚机构庞大，冗官冗费，号令不一，贪腐横行，军队战斗力低下等众多问题。

所以，无论是职场、创业还是人际交往，“将就”都是一门十分重要的生存艺术。在面对问题时，能简则简，不要增加固定开支。就像《中庸》里讲的：“中也者，天下之大本也。”所谓的“中”，就是不多不少，刚好够用。

第四节

天行健，君子以自强不息

《易经》——增强韧性

从一个误会说起

“白头萧散满霜风，小阁藤床寄病容。报道先生春睡美，道人轻打五更钟。”这首诗写得十分惬意。一个白头老翁躺在藤椅上摇摇晃晃，在春日的暖阳中，竟不知不觉睡了过去，鼾声伴着道人的敲钟声，一切显得那么宁静祥和。

然而，在距今900多年前的宋朝，当这首小诗穿过岭南的荔枝林，越过秦淮河，搭着北上的粮船漂到汴京后，却引发了朝野震动。作为宿敌，章惇除了震惊外，更多的还是愤怒：好你个苏东坡，我把你贬到惠州是让你送死去了，你倒好，还在藤椅里面摇上了！

章惇为什么恨苏东坡，这件事说来话长。他们两个原本是同榜进士，加上都很有才气，惺惺相惜，成了很好的朋友。后来，王安石变法时，章惇成了变法的中坚力量，苏轼成了反对派，被人陷害，一贬再贬，到黄州当了“团练副使”。不过，两人的友情并没有因此发生变化。乌台诗案时，章惇为了救苏轼，连神宗皇帝都敢怼："仁宗皇帝得轼，以为一代之宝，今反置在囹圄，臣恐后世以谓陛下听谀言而恶讦直也。"苏轼出狱后还特地写信表达自己的感激之情。

再后来，神宗英年早逝，高滔滔垂帘听政，守旧派领袖司马光重回中央，苏轼、苏辙等人也受到重用。与之相对的，章惇这些变法派自然也要受到清算。很快，朝中就只剩下了章惇一个人。

不过，章惇可不是好惹的，司马光说他"狡险"，他去找人家玩"真人对决"，高太后不按套路出牌，他也直接找过去怒怼。不过，权力掌握在人家手中，他再厉害也经不住持续不断的折腾。不久，弹劾章惇的奏折像雪片一样飞入宫中，领衔的就是苏辙，而且还接连上了三份奏折，攻击力极强，说话非常难听。最终，章惇被贬到汝州。

按理说，苏轼落难的时候，章惇帮过他，现在他苏家兄弟得势，是不是也应该拉章惇一把呢？没有。这两兄弟，一个当"急先锋"，另一个在旁边默不作声，连一句求情的话也不肯说，在章惇看来，这就是妥妥的忘恩负义。但是，他绝对是误会苏轼了。章惇走后，苏轼给他写了一封信，大概内容是：咱俩年轻的时候说要一起归隐田园，你现在终于实现了，而我入世已深，不能轻易脱身，真是让人羡慕嫉妒恨。

这下更糟了，章惇看了这封信，气得差点儿吐血：你不为我求情就算了，现在还专门写信来讽刺挖苦我。墙倒众人推，你们兄弟俩真是开着"挖掘机"推呀。其实章惇哪里知道，苏轼说的都是真心话。

再后来，哲宗亲政，章惇被调到中央重新推行新政，大权独揽，这一下，苏家兄弟算是遭了殃。宋代有个不成文的规矩，文官是不可以判死刑的，想要整死谁，就把他发配到蛮荒之地，最佳选择就是海南岛，宋代很多官员都死在流所。章惇得势后，苏轼被一贬再贬，被贬到惠州（今广东惠州）时，他已经五十九岁。

章惇本来想着，这么一把“老骨头”，贬到岭南蛮荒之地，就算是不死在路上，瘴气也够他“喝一壶”的。但没想到，苏轼不仅没死，还高高兴兴地“日啖荔枝三百颗，不辞长作岭南人”，没事就坐在藤椅上睡大觉，这可把章惇气坏了。于是，他决定把苏轼流放到“死亡之地”——海南儋州。

刚到儋州，苏轼确实难受了一阵子，甚至十分绝望，认为自己这辈子再也没机会回中原了。《儋县志》中说，宋代时，儋州“地极炎热，而海风甚寒。山中多雨多雾，林木荫翳。燥湿之气不能远，蒸而为云，停而为水，莫不有毒”，“风之寒者，侵入肌窍；气之浊者，吸入口鼻；水之毒者，灌于胸腹肺腑。其不死者几希矣”。

苏轼这年已经六十二岁，在古代都算是高寿了，一把“老骨头”被这样折腾，确实难以活命。但是，章惇再一次看走眼了。苏轼不仅活了下来，还活得有滋有味。虽然只能吃芋头，喝白水，但他仍然乐在其中，搭了个“桄榔庵”，带着老百姓挖井采药，给老百姓免费看病，还办了免费学堂。“春牛春杖，无限春风来海上。便丐春工，染得桃红似肉红。”

苏轼之前，海南从没有出现过举人或进士。苏轼到来之后，培养了第一个举人姜唐佐、第一位进士符确。后来苏轼离开海南时，送给姜唐佐半首诗，写在扇面上：“沧海何曾断地脉，白袍端合破天荒。”并对他说：“异日登科，当为子成此篇。”多年后，苏轼已经仙逝，姜唐佐金榜题名，在汝阳遇见苏辙，苏辙便提笔补了另外半首：“锦衣他日千人看，始信东坡眼目长。”

韧性

有人调侃，苏轼一生不是在贬所，就是走在被贬的路上。确实，他经历重大贬谪三次，足迹遍布 18 个行政区，从政治中心、繁花似锦的汴京城，一路被贬到瘴气横生、满目荒芜的海南岛，最难的时候，他连住的地方都没有，连饭都吃不饱。可苏轼始终保持着乐观的生活态度，吃不饱饭，就自己种粮食，手上稍微有点余钱，还要治病救人，开设慈善机构，没房子住，就自己盖房。用他的话说：“谁怕？一蓑烟雨任平生。”

借用关汉卿的一句话，苏轼就是个“蒸不烂、煮不熟、捶不匾、炒不爆，响当当一粒铜豌豆”。面对人生无数意外和挫折，苏轼为什么能够始终保持乐观的心态？我们或许能够从他下面这首词中找到答案：

常羡人间琢玉郎，天应乞与点酥娘。尽道清歌传皓齿，风起，雪飞炎海变清凉。

万里归来颜愈少，微笑，笑时犹带岭梅香。试问岭南应不好，却道：此心安处是吾乡。

不管被贬到哪里，只要心安，处处都可以是我的故乡。换句话说，“无处不可心安，无处不是吾乡”。苏轼所表现出的随遇而安，就是心理学上所说的韧性。

什么是韧性？在物理学中，韧性（Toughness）是材料的一个重要性能指标，表示材料抵抗断裂的能力，即材料在受力作用下能够吸收能量而不发生断裂的能力。我们把人比作材料，再把韧性概念引入心理学，就有了心理学定义上的韧性：韧性（Resilience）是指个体或系统面对逆境、压力或挑战时，能够保持稳定、迅速恢复或适应变化的能力。

- **适应性：** 韧性体现了个体或系统在面对变化或不利情况时的适应能力。这包括调整和改变自身以适应新的环境或局面，以保持稳定和有效运作。

- **恢复能力：** 韧性也指个体或系统从挫折或破坏中迅速恢复并重建自身的能力。这种能力使个体或系统能够应对压力、创伤或灾难，并在逆境过后重新建立秩序和功能。

- **应对挑战：** 韧性使个体或系统能够积极面对挑战和困难，不轻易被挫败或气馁，不是消极应对，而是寻找解决问题的方法并继续前进。

- **心理弹性：** 在心理学中，韧性指个体面对生活中的压力与逆境时保持良好心态和心理健康的能力。这种弹性使个体能够应对挑战，从失败或挫折中学习，并继续前进。

苏轼之所以能够时刻保持良好心态，首先是他认识到了生命中的挫折才是常态，人类自身的命运并不由自己主宰。被贬黄州前，他总想着前进的道路上铺满鲜花，自己也能够平步青云，实现“致君尧舜”的理想。可是，“乌台诗案”却把他的幻想打得粉碎，让他的信念彻底崩塌，一度陷入绝望。到黄州后，他几乎每天都要到赤壁去，在壮观的山河中，体会出了“寄蜉蝣于天地，渺沧海之一粟”的人生真谛。人在世界上，就如同蜉蝣一样渺小，功名利禄，不过浮云而已，因为“天地之间，物各有主，苟非吾之所有，虽一毫而莫取”。只有江上的清风和山间的明月，取之不尽，用之不竭。一个人只要想明白了这一点，就很难被“身外之物”打倒。

其次，苏轼心中有坚定的信念，知道自己该做什么。无论在哪里任职，他都把百姓的生计放在第一位。在杭州任职时，他挖水井解决饮水问题，疏浚西湖解决水患，建造苏堤供游人通行。在密州时，他没日没夜地解决蝗灾，开仓赈济，救助百姓。他为官清廉，时常采摘野生枸杞和山菊花食用，“有笔头千字，胸中万卷，致君尧舜，此事何难！”就算到了被称为“必死之地”的儋州，他也没有放弃希望，开学堂，育栋梁，为海南开了文脉。一个人一旦有了坚定的目标，就很难被外界所左右。就像弹簧一样，即使用再大的力气把它压下去，它也能重新恢复如初。

最后，苏轼有极强的适应性，总是能在平淡乃至绝境中找到乐趣。在赤壁时，他总会在袖子里拢上一大堆石子儿，在江边跟当地孩子比赛打水漂，像个“怪叔叔”。跟朋友一起游玩，天降大雨，大家都着急忙慌地往家跑，他却张开双臂，大呼过瘾，像个不谙世事的孩子。一家人连饭都吃不饱，生计没有着落，连住的地方都没有，苏轼却安慰自己“又得浮生一日凉”。

林语堂说："我们一直在追随观察一个具有伟大思想、伟大心灵的伟人生活，这种思想与心灵，不过在这个人间世上偶然呈形，昙花一现而已。苏东坡已死，他的名字只是一个记忆。但是他留给我们的，是他那心灵的喜悦，是他那思想的快乐，这才是万古不朽的。"

正因为人无法决定自己的命运，所以命运总是无常的。就像《金刚经》中说的："一切有为法，如梦幻泡影，如露亦如电，应作如是观。"决定一个人能否成事的关键，就是心理上的韧性。古今中外，一切有成就的人都像苏轼一样，有极强的韧性。大多数人在遭受打击之后就会一蹶不振，开始"摆烂"，只有那些历经风霜而不倒，始终坚持信念和目标的人，才具备"反脆弱"能力，才会走得更远。

《易经》中说："天行健，君子以自强不息。"天的运转刚劲强健，生生不息。君子也应该像它一样，保持心理上的韧性，自强不息。

第五章

谨慎合作，是成事的基石

第一节

筑舍道旁，三年不成

《夜航船》——“拍板者”的重要性

章帝制礼

汉朝建立后，刘邦有一件事非常头疼。他现在贵为皇帝，但兄弟们还有人叫他小名，这让他心里很憋屈，但面对这群过命的兄弟，他又不知道该怎么开口。更过分的是，每次一有宴会，这些功臣就开始酗酒争功，狂呼乱叫，甚至拔出剑在柱子上乱劈乱砍。每次争得面红耳赤时，还吆喝着让刘邦评理。

朝中有个叫叔孙通的人，看出了刘邦的心思，于是给他出了个好主意：只要制定一套礼法颁行天下，自然也就没有人敢在皇帝面前嚣张了。刘邦一听，这个主意太好了，因为它不是针对功臣，而是针对天下所有人的。

于是，叔孙通到孔子的故乡曲阜找了三十多位儒生，把他们和刘邦身边的儒生合在一起，凑出一个一百多人的队伍，拉起绳子，立起草人，练习了一个多月，终于把礼仪制定出来了。刘邦一看十分满意，于是下令叫群臣都去排练。从此之后，皇帝是皇帝，大臣是大臣，再也没有人敢在刘邦面前吆五喝六了。

叔孙通制定的礼制，一小部分来自三代的古礼，大部分来自秦朝的旧制。后来西汉灭亡，光武帝刘秀建立东汉，到第三任皇帝汉章帝时，朝局逐渐稳定，于是，大臣曹褒上疏，要根据三代的政治教化重新制定礼仪，原因有两个：第一，西汉礼制虽然是叔孙通制定的，但大部分都承袭的秦朝，没有汉朝特色；第二，仿照先王（三代君王）之道制定礼仪，至少能在这个方面超越西汉。

汉章帝一听，立刻拍手叫好，没有皇帝能够拒绝建功立业，就算是名义上的也可以。爽快同意之后，章帝把这件事交给太常寺商议，没想到，太常寺的主管巢堪却认为，制礼是一件大事，不是曹褒能够胜任的。双方你来我往，唇枪舌剑"打"了一番，这件事就不了了之了。

不过，汉章帝的心里十分不甘，第二年，他再次下诏，让曹褒制定礼仪。不过，这次又有人跳出来反对了。章帝无奈，于是把班固召来问。班固说："京城中有很多儒生，都懂一些礼仪，要不要把他们叫过来一起商量？"章帝说："筑舍道旁，三年不成。把这些人都叫来，这不叫商量，而叫相互疑义，什么事也做不成。当年帝尧写《大章》，只用一个夔就够了。"不久后，章帝命令曹褒全权负责制礼相关事宜，果然很快就制定好了。

叔孙通制礼为什么能够迅速成功？因为刘邦说了，以叔孙通为准，其他人只能提建议。汉章帝制礼为啥折腾了两次？因为他先任命了曹褒，又去问太常寺的意见，第二次又去问三公和班固的意见，所谓"筑舍道旁，三年不成"。在路边盖房子，三年都盖不起来，就是因为路人的建议太多，又各不相同。所以，一个团队中，一定要有一个能拍板的人。

1+1 < 2

俗话说：三个臭皮匠赛过诸葛亮。在生活和工作中，合伙是一种很常见的方式。一来可以人多力量大，方便筹集资金，扩大团队；二来可以分担风险；三来可以资源共享。但是，团队中一旦没有“主心骨”，反而会造成“1+1 ＜ 2”的后果。这就是所谓的“一个人是条龙，一群人是条虫”。

比如隋末的瓦岗寨。作为起义最早、发展最快、势力最大的起义军，里面个顶个都是高手，光是结义兄弟就有几十人，还动员了上百万百姓。“破化及，摧世充，声动万里，威行四方”。

当时瓦岗寨名义上的首领只有翟让一个，他是起义的发起者。另外一个举足轻重的人物是李密。他出身贵族，曾跟随杨玄感一起叛乱。后来叛乱被平定，杨玄感被杀，他只好带着部队投奔瓦岗寨。因为李密读过兵书，又很有谋略，帮助翟让收服了几股起义势力，翟让对他十分器重，几乎言听计从。李密后来也开始拉拢自己的队伍，到这时，瓦岗寨实际上已经有两位“话事人”了。

眼看着势力越来越大，李密就鼓动翟让学刘邦称帝，说：“刘、项皆起布衣为帝王……以足下雄才大略，士马精锐，席卷二京，诛灭暴虐，隋氏不足亡也！”翟让知道自己只是个草寇，就一口回绝了：“吾侪群盗，旦夕偷生草间，君之言者，非吾所及也。”从这里开始，翟让和李密之间就有了嫌隙。

后来，翟让手下有个叫贾雄的军师，很受信任，他却转身撺掇李密说：“翟让没什么大志向，早晚要完，将军不如自立门户。”李密听后觉得很对，于是便答应了。不久后，翟让令李密另外统一军，起义军在名义上也有了两个领袖，离心离德的瓦岗寨，离崩盘只是时间问题。这就是典型的“1+1＜2”。

人的经历不同，思想不同，对于同一件事自然会有不同的看法。譬如我们上文说的，马云召集了二十四个人要开互联网公司，当时就有很多人反对，有的要开酒吧，有的要办夜校，如果不是马云力排众议，拍板决定，这次合作必然是失败的。

所以，要合作一起做事时，一定要有一个有效的争议解决方式，有一个明确的决策程序。最常见的如投票制。现在大部分股份公司都采用一股一票的方式，每个股东根据其持有的股份数量拥有相应的投票权。这种制度确保了股东在公司决策中的投票权与其在公司的股权比例成正比，即持股比例越高，投票权也就越大。一股一票制被认为是一种公平且民主的股权管理方式，尤其适用于保护小股东的权益和确保公司决策的透明性和公正性。

还有一种常见的方式叫“沉默股东”制。在这种制度下，某些股东或投资人虽然拥有公司股份，但他们没有参与公司经营或决策的权利和责任，他们的股权仅仅是用于投资目的，不涉及公司管理和运营方面的事务。简单来说，就是股东不参与具体运营，找职业经理人进行管理，让专业的人做专业的事。

还有一种方法，是领导者明确，也就是在合作时，提前确定一个团队中的领导者或主导者，在重大决策和争议解决中，由领导者负责最终的决定。这样可以避免决策过程中的混乱和不确定性。但是，这个领导者要有绝对的能力。比如马斯克，就是所有决策的“拍板者”。

美国畅销书《硅谷钢铁侠》中有一段人物采访，采访对象是风投公司 Valor Equity Partners 的负责人格雷西亚斯，他说：“经历过那种压力的人大多数都退缩了，他们会出现决策失误。但是马斯克却变得更加理性，依旧能够做出清晰并且有远见的决定。压力越大，他做得就越好。”

最困难时，马斯克把所有资金都投入了 SpaceX 和特斯拉。但 SpaceX 三次试射失败，特斯拉迟迟无法盈利，他甚至卖掉了所有资产，妻子也跟他离了婚，所有人都在劝他，必须在两家公司中有所取舍。但是，马斯克坚信自己的路没有走错，熬过了最困难的那段时期，终于守得云开见月明。

总而言之，与人合作想要成事，就必须确定一个“拍板者”，如果无法确定，那就要提前建立一个有效的、操作性强的争端处理机制。否则，事情很难办成。

第二节

视其所以，观其所由，察其所安

《论语》——如何“看透”人心

能力第二，人品第一

当一个一线城市出现开发区时，赚钱就像捡钱一样容易，这是我一个亲戚说的。在七八年前，北京有一片开发区，只建起了六七个小区，每个小区里都是高层，大概有三十栋，住户有一半是回迁户，一半是在市里上班的“打工人”，因为房租比较便宜（当时每个月才两千多），很快就住满了。

这么多人，抬脚动步都要花钱，衣食住行都是生意。我这个亲戚就和几个同乡合伙开了家饭店。经推举，一个合伙人负责管理餐馆。那几年他家日子过得不如意，家里老人身体不太好，经常住院，又没有医保。其他人让他管理饭店，一是看中他能力强，懂经营，二是为了每个月能让他有固定工资贴补家用。由于开得早，周围又没有其他饭馆，生意非常火爆，据说逢年过节时，每天的流水就有几十万，可到年底分账时，每个人却只分了不到十万块钱。不用说，这里面肯定有“猫儿腻”。

据管理餐馆的合伙人所说，餐馆虽然流水高，但开销也大，毕竟是第一年，装修，应付检查，打点都要花钱。其他人当时就有异议，但大家既是同乡又是发小，手里多少都有点钱，在“带头大哥”的调解下，大家也都没有再说什么，此事就不了了之了。

可到了第二年分账时，分的钱还是一样，这可就说不过去了，毕竟谁的钱也不是大风刮来的。这事后来具体怎么解决的我不太清楚，只知道那个人被“扫地出门”了。据说此人买了不少理财和保险，还有辆车放在老家，最后算账时也都给他留下了，算是仁至义尽。

合伙做事，看人品还是看能力，这是个很重要的问题。人品差，能力强，在短期内，特别是在需要实现快速发展和达成目标时，优秀的能力可以起到至关重要的作用。能力强的合作伙伴能更快速地推动项目进展，应对挑战并取得成功。在长期发展和稳定的考量下，人品往往比能力更为重要。大部分情况下，一个人人品越差，能力越强，带来的危害也就越严重。

《易经》说：“德不配位，必有灾殃。”很多人靠着极强能力取得了巨大成就，但时间一长，人品问题一暴露，致使合作伙伴离心离德，社会舆论“破鼓万人捶”，这些人也会迅速失败。“眼看他起高楼，眼看他楼塌了”，这样的事我们已经见证过无数次了。

识人

古语说：“德才兼备，以德为先。”对于人品和能力，曾国藩曾在给弟弟的信中说：“吾人只有进德、修业两事靠得住。”因此，与人合作时，必须先考察他的人品。但老话讲“人心隔肚皮”，人心是最难琢磨明白的东西，尤其是那些城府极深的人，心里想着怎么“卖”了你，脸上却总是笑眯眯地嘘寒问暖。就像那句话所说：“世界上有两样东西不可直视，一是太阳，二是人心。”

想要明白一个人心里在想什么，一是靠经验和阅历。形形色色的人见得多了，就能发现不同人的行为和言语背后的含义和动机，理解人们在特定情况下展现出的不同行为模式。比如，曾国藩在官场摸爬滚打多年，就总结了一套相人的方法，看人奇准，就连对手石达开也佩服不已。薛福成甚至说：“（曾国藩）知人之鉴，超轶古今。或邂逅于风尘之中，一见以为伟器；或物色于形迹之表，确然许为异才。”

后来，曾国藩还把自己的经验编成了一段口诀，简单易懂：“邪正看眼鼻，真假看嘴唇，功名看气概，富贵看精神，主意看指爪，风波看脚筋，若要看条理，全在言语中。”

● **邪正看眼鼻：** 人的眼睛和鼻子可以透露很多信息。眼神可能反映出一个人的内心世界是否坦诚或隐藏着什么。鼻子的形状和大小也可能与一个人的性格特征相关联。

● **真假看嘴唇：** 人的嘴唇表现出的微笑或紧闭，可能暗示着他们的真实情感和态度。嘴唇的表情可以反映出一个人的内心是真诚还是虚伪。

● **功名看气概：** 一个人的气质和风度往往会影响他们的社会地位和成就。气概可以体现一个人的自信、坚韧和决心。

● **富贵看精神：** 一个人的精神状态和生活态度常常反映出他的富贵与否。富贵不仅指物质财富，更关乎内心的丰富和满足。

● **主意看指爪：** 人的手指和指甲也透露出很多信息。手指的姿势和指甲的状态能反映出一个人的行事风格和生活习惯。

● **风波看脚筋：** 一个人的脚筋能反映出他的体力和生活状态。脚筋的强壮与否意味着一个人应对生活中风波和挑战的能力大小。

● **若要看条理，全在言语中：** 一个人的言语和表达方式可以揭示出他们的思维方式和逻辑条理。语言的清晰和连贯与否可以反映一个人的思维是否有条理和逻辑性。

但是，读书学习讲究“所见即所得”，看一样的问题，阅历不同，看到的就不同。比如“真假看嘴唇”这一条，如果让微表情专家来看，他大概会会心一笑。因为一个人的不同情绪，能够通过嘴角的弧度变化表现出来。表达愤怒时，人的嘴部会向双耳平行拉伸；表达惊讶时，嘴部会张开得更加自然；表达愉悦时，嘴角会自然上扬。这是人的生理本能，肌肉的条件反射，无法控制。但如果让一个涉世未深的年轻人看这句话，他大概只能想到很浅的含义。

曾国藩这套方法虽然有用，但仍然要靠经验和阅历，不是死记硬背就能够学会的。

二是靠可操作的方法。《素书》中有一套很有实用性的方法：“问之以是非，而观其志；咨之以计谋，而观其识；告之以难，而观其勇；醉之以酒，而观其性；临之以利，而观其廉；期之以事，而观其信。”

- **问之以是非，而观其志：** 通过问及一些道德或伦理上的问题，可以观察一个人的志向和原则。他们对于是非问题的回答和态度，反映了他们的价值观和道德标准。

- **咨之以计谋，而观其识：** 向他们征询一些策略或计划上的问题，可以观察他们的智慧和见识。他们的回答是否周密、理性，体现了他们的智慧和学识水平。

- **告之以难，而观其勇：** 安排一些困难或挑战让一个人去完成，他的反应和应对方式可揭示他的勇气和胆识。那些外强中干，只会自吹自擂的人真遇到棘手的事情，立马就㞞了，这种人难成大事。

- **醉之以酒，而观其性：** 在酒后观察一个人的本性和品性。饮酒会放松人的防备心理，可能暴露出一个人真实的性格特征。

- **临之以利，而观其廉：** 看看一个人在面对利益时的态度和行为。看他们是否能够坚守廉洁原则，不为私利而轻易妥协。

- **期之以事，而观其信：** 通过与其约定一些事情或任务，观察其诚信和守信程度。看他们是否言行一致，信守承诺。

这套方法，是有系统和计划的设计，旨在通过不同的方式和情境来全面观察一个人的性格和品质。每个步骤都针对不同的方面，从不同的角度评估一个人的特征，不依赖经验与阅历，因此有很强的实用性。

“经世之本，识人为先”“识人”不仅仅是发现合作伙伴，更重要的是对合作伙伴的人品进行考察，这才是能成事的关键。

第三节

老吾老，以及人之老

《孟子》——远离没有同理心的人

同理心是什么

多年前的一个夏日，一个朋友搬家，让我们过去帮忙。他这次搬家是换新房，老房子卖了，所有的家具都要搬走，所以除了一帮朋友之外，还找了搬家公司的人，我们这些“非专业”人员，基本都是搬一些小东西，以打杂为主。

开始搬家时，已临近中午。朋友家住四楼，没有电梯，搬家的那些大哥只能靠死力气硬搬下去，而最难搬的就是家里的茶几。这个茶几非常重，还很大，下面是实木，上面是石板，我们两个人抬都有点吃力，那大哥却用绳子一捆，一个人扛起来走了下去。

经过二楼转角时，大哥下楼，我正好上楼，看到他用手撑着膝盖，头上的汗珠吧嗒吧嗒滴在腿上，像下雨一样。他佝偻着腰，喘着粗气站在那里休息，看见我还微微一笑。我想着他应该是走不动了，想上前去搭把手。这时朋友也走了过来，一把拉住我就往楼上走。回家之后，专门找了个僻静的地方跟我说："不要帮忙，咱们掏钱了，让他们干就行。"

接下来，更离谱，甚至让人"三观尽毁"的事情出现了。朋友的母亲这时也走了过来，笑得前仰后合，拍着大腿对我们说："你没见那个人，累得跟孙子似的，在二楼那里腿都打战了。"我不禁有点纳闷，这有什么好笑的？她好不容易止住了笑，又接着说："他……哈哈，他鼻孔里还在吹泡泡……哈哈……"紧接着，我朋友也跟着大笑起来。母子俩拍着腿，捂着肚子，笑得几乎岔了气。除了愤怒和惊诧外，我找不到其他词能表达我当时的心情。

那位搬运工看上去有五十多岁的年纪，和朋友父母年龄相仿，却异常瘦弱，就算不搬东西，身体也常年佝偻着，这是长期从事重体力劳动留下的后遗症。我对他没有深入了解，但大概能猜到，这个年纪还要拼了命工作，家里一定不富裕，更有可能，他就是全家的顶梁柱。几年前我有个叔叔，也是这个年纪，也是干体力活，家里有三个上学的孩子，负担很重。后来在一次卸货时，突发脑出血去世。

孟子说："老吾老，以及人之老；幼吾幼，以及人之幼。"从那天之后，我对这位朋友就敬而远之，几乎不怎么来往了。一个没有同理心的人，做起事来是没有底线的，甚至连亲情在他眼中都是可以随意丢掉的。

同理心（Empathy），又叫作换位思考、神入、共情，指站在对方立场设身处地思考的一种方式，即在与人交际交往的过程中，能够体会他人的情绪和想法，理解他人的立场和感受，并站在他人的角度思考和处理问题。

同理心使人能够感受到他人的情感并产生共鸣，能够从他人的角度去看待问题或经历，尝试理解他人的想法和感受，关注他人的需求和感受，并尝试帮助或提供支持，以减轻他人的困扰或痛苦。同理心不仅停留在感受层面，更体现在行为上。具有同理心的人通常会展现出关爱、体谅和支持的行为，以回应他人的情感和需要。

“天才”的陨落

一个没有同理心的人能有多可怕呢？英国心理学家保罗·吉尔伯特（Paul Gilbert）说：“人如果没有同理心，就会对自己在别人身上施加的苦难毫无概念。”

2024 年 1 月 31 日，吴谢宇被执行死刑。吴谢宇是个毫无争议的天才，他十八岁通过北大自主招生考试，进入北京大学经济学院学习，三年后用极其残忍的手段杀害母亲。之后竟然还以母亲的名义邀请相识十几年的老师们吃饭，为她举办退休仪式，诈骗亲戚 144 万元后畏罪潜逃，一切做得滴水不漏。

在逃亡的三年时间中，他买过三十多张身份证，逃窜到福建、上海、北京、河南、重庆等多个省市区，堂而皇之地在培训机构兼职教学，直到 2019 年才被抓获。身陷囹圄之后，吴谢宇又表现出了极强的求生欲，在狱中给舅舅、阿姨和其他亲属分别手写道歉信，达五万多字。

在给舅舅的信中，吴谢宇写道：“舅舅，我想请求你谅解我，因为如果能有你和阿姨对我的谅解，我还有一线生机，也许省高院念在你们对我的谅解，改判我死缓，给我一条生路。”然而，他根本无法获得亲属们的谅解。

吴谢宇对自己至亲至爱的母亲选择痛下杀手，难道是母亲对他不够好吗？事实上正好相反。吴谢宇读中学时，父亲去世，是母亲谢天琴一路支持他考上北大的，而且把所有的爱都给了他。然而，这位可怜的母亲换来的竟是杀身之祸。杀害母亲时，吴谢宇做了万全的准备，光是作案工具就买了刀具、防水布、塑料布、隔离服、医生护士服、菜刀、手术刀、雕刻刀、锯条、活性炭包、冰箱除味剂、塑料膜、壁纸、真空压缩袋等，冷血得令人发指。

诚然，吴谢宇是极端个例，却能够从另一个侧面证明，缺乏同理心的人有多可怕。只要不合心意，他们就会展现冷酷的态度，表现出自私、冷漠甚至残忍的行为。在生活和工作中，无论是交朋友还是选择合作伙伴，如果发现对方缺乏同理心，都一定要慎之又慎。

第四节

用之则行，舍之则藏

《论语》——学会放弃

努力的意义

前几天，我一个朋友从上海回来了，胡子拉碴，满脸憔悴，披头散发，和我印象中的“精英人士”简直判若云泥。在我认识的所有人中，他算是比较成功的一个。毕业后直接留在上海，开了一家小公司，找了个本地的女朋友，买了套“老破小”，也算扎下根了。上次同学聚会，他还是最活跃的那个，忙前忙后各种张罗，找餐馆，订包间，联系同学，在餐桌上活跃气氛，用他的“大奔”接送，可谓春风得意，满面桃花，谁知短短几个月工夫，他竟成了这个样子。

陪他喝了几瓶啤酒后我才知道，原来是公司倒闭了。我安慰他，人生不如意事十之八九，振作起来，还有希望。他却摇头说：“你不用安慰我，我不是自暴自弃，而是想开了。”原来，他的公司早在前两年就开始亏损了，为了维持公司运转，他卖掉了房子和车子，四处借钱。那段时间，他总是焦虑、失眠、烦躁，三天两头就和女友吵架，最严重的一次甚至把家里砸了个稀巴烂，最后女朋友也分手了。

可是，用尽了各种办法，他还是没能保住公司。“要是公司刚开始亏损我就收手，事情一定不会是现在这个样子。”是啊，可人都有侥幸心理，总想着只要坚持下来，明天就会更好，总放不下过去光鲜亮丽的生活，担心成为别人眼中的笑话。因为比起看到站在山顶的人，大多数人更喜欢看人从山顶坠落。

所有人都在教我们学会坚持，我们也听过无数关于坚持的名言警句，什么“成功者拥有两个特质：坚定的决心和意志力”，什么“如果你放弃，那就等于选择了失败”，什么“成功的秘诀在于坚持，所有的伟大都源于坚持”，什么“不经一番彻骨寒，怎得梅花扑鼻香”，什么“只要功夫深，铁杵磨成针”，什么“精诚所至，金石为开”，不一而足。

但是，很少有人教我们学会放弃。很多时候，我们之所以不愿放弃，是因为放弃就意味着失败，意味着低人一等，意味着软弱、认输。所以，我们总是拼尽所能硬撑，希望能有拨云见日的一天。然而，我们看到的现实是，很少有人能选择自己的生活，选择做什么或不去做什么。

去年有个事件曾引发轩然大波。一位知名主播在直播卖货时说：“找找自己的原因吧！这么多年了，工资涨没涨，有没有认真工作？”话音刚落，无数“打工人”瞬间破防。

有一位三甲医院的顶级外科医生在社交平台说：“我上个月开了近 80 台手术，门诊有 400 多个病人，工资奖金加起来大概 4 万出头，平均每台手术的收入低于 500 块钱，估计比上海滩顶级的托尼老师理个发的收入还要稍微低一些，那么多年了，还是没能改变‘拿手术刀的不如拿剃头刀的’这样一个残酷的现实。”他也不够努力吗？当然不是。

事实上，大多数普通人都很努力，每天过着“996”甚至“007”的生活，拿着微薄的工资，在房贷、车贷和一地鸡毛的生活中挣扎求生，没有选择的余地。年轻时，我们也曾经自命不凡，认为自己就是“天选之子”，只要肯努力，就一定能过上梦想中的生活。等经历了社会的“毒打”之后，蓦然回首才发现，原来世界和自己想象中的完全不同，就算拼命追赶，离自己的目标也相去甚远——命运伸出无情的手，用长竿挑起一根胡萝卜挂在我们眼前，让你望眼欲穿，却又无论如何也得不到。

幸福是什么

英国作家乔希·科恩在《什么都想做，什么都不想做》中写道：“每个工人都被教导过，他始终可以更上一层楼，而就业成了一条写满艰险的苦路，走在路上的人不断向自己宣战，质疑自己的个性品格与工作成就是否相配，始终担忧自己没能将时间合理安排。”

“我们对‘停下来’感到不适，自觉浪费了时间，也导致了一种不断分神的状态。它犹如‘不停工作’的孪生兄弟：当我们作为生产者的能力达到极限时，我们会激活自己作为消费者的能力。”

我们看着眼前的“胡萝卜”，不断挖掘自己的所有潜力，追求所谓的意义，似乎只要有了意义，我们就是幸福的。然而，我们却忽略了一个问题：到底什么才是意义，什么才是幸福？人类文明的发展在很大程度上建立在虚构之上。时间是虚构的，人类用它来测量和描述事件的顺序和持续性，为自己构建秩序。时间本身并不是实体，而是人们为了组织和理解宇宙中事件的发生顺序而提出的概念。语言是虚构的。通过语言，人类能够沟通、传递知识、思想和情感。符号系统如文字、数字等也是一种虚构。意义也是虚构的。它并非自然存在或客观实体，而是人类主观赋予事物的一种解释或价值。那什么是幸福呢？

叔本华在《人生的智慧》中写道："人的幸福在很大程度上是由我们自身，也就是我们的个性所决定的。但是，人们通常都只考虑运气、财产，或者自己在他人心中的形象。实际上，运气有可能变好，甚至如果我们的内在足够丰富，就不会过分依赖于运气。相反，一个头脑愚笨的人一辈子都头脑愚笨，一个愚人就算到死也还是一个愚人，哪怕他在天堂上被美女所环绕。"

在叔本华看来，幸福是一种主观感受，因人、因时而异。"饥饿是能够使所有食物都变得美味的万能调味品，衰老的人很难再对青春美色一见钟情。"也就是说，只要你感到幸福，就算吃糠咽菜，住在破旧的茅屋中，你也是幸福的。与之相对，如果你感到自己不幸福，就算住在皇宫中，坐拥三千佳丽，还有无数人每天山呼"万岁"，你也是不幸福的。

庄子妻子去世，惠子前来吊唁，却见他叉开双腿坐在地上，一边敲盆一边放声高歌，丝毫没有悲戚的神色。惠子问他："你和妻子相依为命，生儿育女，现在她去世了，你不哭也就算了，怎么能唱歌呢？真是太过分了！”庄子说：“妻子刚去世时，我也很伤心。然而，我想到世界上本就没有她这个人，现在只不过是恢复了原状。她如今安静地寝卧在天地之间，我有什么好哭泣的呢？”庄子临死前，弟子相对而泣，庄子说：“我今死，则谁先？更百年生，则谁后？先不得免，何贪于须臾？”

生死这样的大事，庄子都不放在心上，依然保持着幸福和快乐，因为他知道，很多事情，人根本就没有选择的权利，只能顺其自然。

黑塞在《悉达多》中写道：“从那个时刻起，悉达多停止了和自己命运的抗争，他的脸上闪烁着智慧的宁静。有这种宁静的人，能不再遭遇种种愿望之间的冲突，他已经找到了解脱，他与生活之流很和谐，与生命之流很和谐，他充满了同情和怜悯，他任凭人生之流的摆布，他属于万物的和谐统一。”悉达多停止了和命运的抗争，放弃了那只“胡萝卜”，因为他明白了人生的真谛。人的痛苦，大多源于执念。

幸福是一种感受，它没有固定标准，只与你有关。很多时候，最难的不是学会争取，而是学会放弃，不要和自己太过较真，不要为难自己，也不要把所有的担子都压在自己身上。“躺平”也是一种人生的意义，只要你觉得幸福。

现在我那位上海的朋友说自己过得挺好，希望每个人都能跨越山海，找到属于自己的幸福。